云揭秘

从天气密码到未来气候

李莹 赵传峰 旷晔 邱宗旭 著

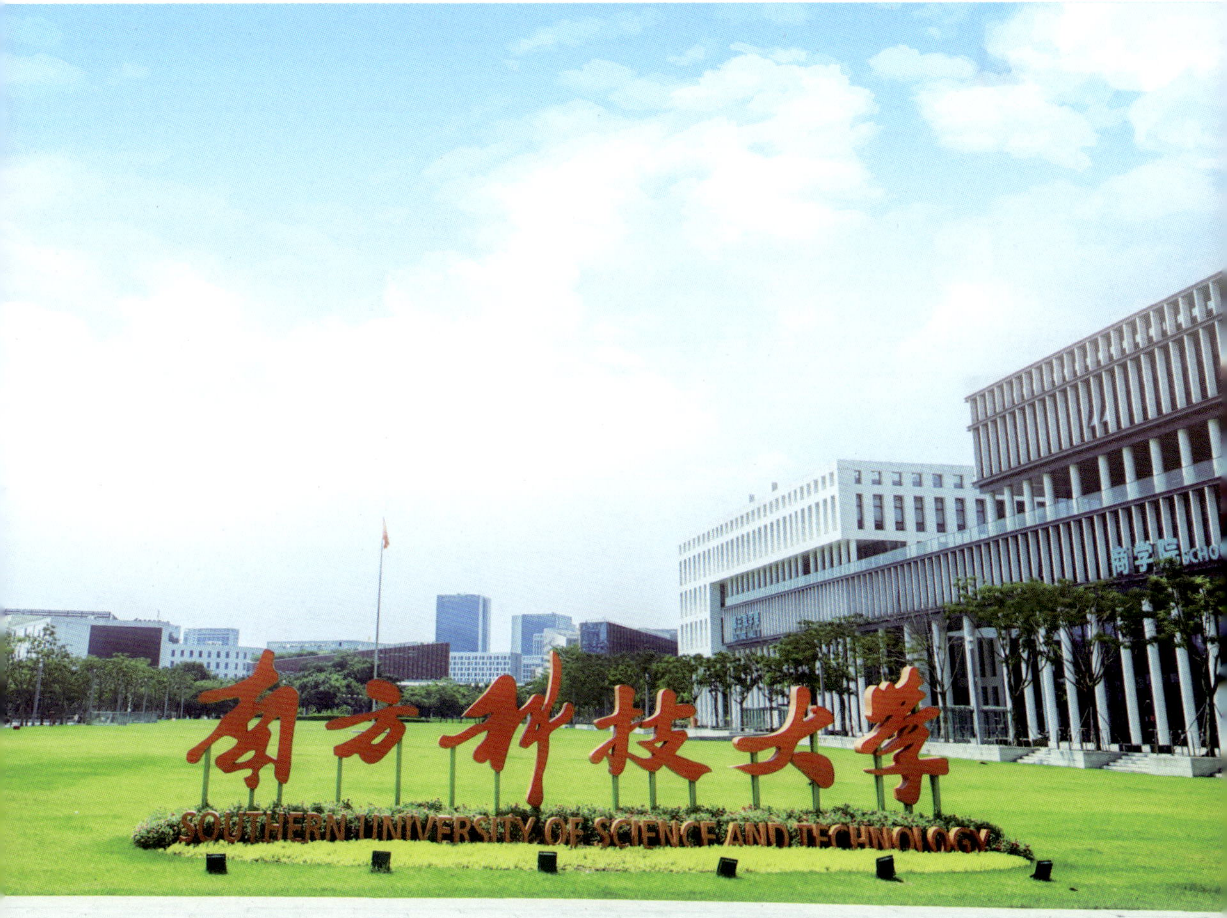

图书在版编目(CIP)数据

云揭秘：从天气密码到未来气候/李莹等著. —武汉：中国地质大学出版社，2025.7. —ISBN 978-7-5625-6178-1

Ⅰ.P4-49

中国国家版本馆 CIP 数据核字第 2025EW3565 号

云揭秘：从天气密码到未来气候		李 莹 等著
责任编辑：龙昭月	选题策划：龙昭月	责任校对：何澍语
特约编辑：成志娟		
出版发行：中国地质大学出版社（武汉市洪山区鲁磨路388号）		
邮政编码：430074	电 话：（027）67883511	
传 真：（027）67883580	E-mail：cbb@cug.edu.cn	
经 销：全国新华书店	https://cugp.cug.edu.cn	
开本：787mm×960mm 1/16	字数：135千字	印张：12.5
版次：2025年7月第1版	印次：2025年7月第1次印刷	
印刷：湖北金港彩印有限公司		
ISBN 978-7-5625-6178-1	定价：48.00元	

如有印装质量问题请与印刷厂联系调换

序

仰望白云纳万象　推窗忽启灵犀光

翻开书页，我们开启一段仰望苍穹的奇妙旅程。

云——这悬浮于天地之间、由水汽凝结而成的自然杰作，自古便牵动着人类的目光与哲思。从甲骨文中那缕缕升腾的"云气"，到希波克拉底笔下关乎健康的"气候疗法"，再到《黄帝内经》中"人以天地之气生"的深邃智慧——云，远不止是天空的装饰。它是地球水循环的使者，是天气变幻的密码，更是连接人类与广袤自然最直观也最具诗意的纽带，引得无数文人墨客为之倾心。

行到水穷处，坐看云起时。

近年来，随着全球"赏云"文化的兴起，特别是加文·普雷特-平尼创立了赏云协会，以及国内众多学者翻译了优秀著作，让云的魅力走进了更多人的视野。如何将这份对云的惊叹与好奇，有效地转化为未来一代（特别是广大青少年学生）的科学兴趣与认知契机呢？这正是本书所肩负的创新使命。

本书并非仅仅是又一本云彩图鉴或分类手册。它根植于南方科技大学一项富有前瞻性的教学改革实践——"基于兴趣激发和教研结合的海洋专业大气科学导论课程教学改革"。作者巧妙地将大学课堂中的前沿知识、学习趣谈与探索精神，转化为中小学生亦可轻松理解的科普语言。其核心在于"激发"与"引导"：激发读者对天空现象的好奇心，引导读者去识别云的家族成员，理解它们诉说的天气故事，并由此洞悉陆-海-空之间复杂精妙的气象关联。

  尤为可贵的是，本书在"科学性、通俗性、趣味性、文学性"的融合上做出了卓有成效的探索。书中巧妙融入了中国气象局认证的"气象谚语"智慧结晶，展示了南方科技大学学生团队充满艺术性与科学洞察力的原创云图作品，更辅以动漫、诗词歌赋、谚语等多元文化元素。这使得知识的传递不再枯燥，而是如同一幅幅生动的天空画卷，在严谨的科学框架下，充满了发现之乐与人文之美。

  作为一位致力于科技传播的写作者，我欣喜地看到这样一本"新型科普图书"的诞生。它不仅传授知识，更致力于培养一种观察世界、理解自然的科学思维方式；它不仅讲述云的故事，更在字里行间传递着对地球家园的珍视，呼应着"天人合一"的古老生态智慧，呼唤着年轻一代对保护生态环境的责任感。

  愿每一位读者，无论老少，都能通过这本书，重新发现头顶那片我们习以为常的天空所蕴藏的无限奥秘与美感。当你下次抬头望云，你看到的将不再只是飘浮的水滴，而是一个充满动态平衡、精妙联系和无限可能的气象世界——这正是科学启蒙最美的开始。

刘青松

南方科技大学教授，科普作家

2025年6月

前　言

　　云，甲骨文字形似云气，本义是指悬浮在空中的，由大量水滴、冰晶或兼由两者组成的可见聚合体，后由此引申出盛、多的意义。在浩瀚的天空中，云彩不仅是自然的装饰，也是天气的信使，还是人类与自然之间深刻联系的象征。每一朵云都有自己的故事，承载着气候变化的秘密，预示着天气的走向。天气变化对人类生活的影响深远而广泛，涵盖了高温、低气压、高湿、阴雨及一些异常极端天气等多种情况。这些天气现象不仅影响着人们的日常生活和身心健康，还对农业生产、防灾减灾和气象科技发展等产生重要影响。

　　西方医学奠基人希波克拉底（Hippocrates，公元前460—前370年）在其著作《论空气、水和地域》（*On Airs, Waters, and Places*）中探讨了天气与健康之间的关系，提出了一种气候疗法，认为气候的变化可以影响人的身体健康和心理状态，强调了环境因素在医学中的重要性。作为我国古代医学的经典著作，《黄帝内经》说"人以天地之气生，四时之法成"，强调了人与自然之间的密切联系。此外，"春生、夏长、秋收、冬藏，是气之常也，人亦应之"，则反映了古人对天人合一、人与自然和谐共生的深刻理解。

也许正是因为云与人类生活之间的密切联系，世界上涌现出一批又一批云彩爱好者。名叫加文·普雷特-平尼的英国知名记者于2004年创立了赏云协会（The Cloud Appreciation Society），该协会目前已吸引了全球5万余人加入。在我国，云彩爱好者也有不少，但系统介绍云彩的科普读物并不是很多。张超、王燕平等于2014年撰写的《云与大气现象》和分别于2018年与2022年翻译的《云彩收集者手册》《一天一朵云》，主要是面向社会大众科普云的工具书。

为了打造具备科学性、通俗性、趣味性、文学性的新型科普图书，笔者在介绍云传统知识的基础上，融入了南方科技大学本科生创作的云图作品和动漫、诗词歌赋等元素，力求创作一本内容新颖、科学严谨且富有趣味的科普主题出版物。我们衷心地希望本书能够点燃读者对气象科学的热情，满足大家对未来海洋和大气科学的求知渴望；也希望借由本书，呼吁大家秉持"天人合一"的古老智慧，与自然和谐共处，积极投身于保护生态环境的行动中去，共同守护我们的蓝色星球。

本书共6个部分，内容包括：①云的基础知识，介绍云的概念、云的形成过程、基本组成和云的形成条件；②云的分类，系统介绍不同高度的云和与之对应的十云属具体形态特征的云；③云与天气，介绍云如何影响天气系统、天气系统如何影响云、极端天气与云的联系及如何通过云来预测天气走向；④海洋与云，介绍海上云系的形成和海上的常见云系、海洋气候对云的影响、海上云的研究现状、全球变暖对云的影响；⑤云趣谈，分别借助飞机畅游"天空之城"和在祖国大江南北捕捉到不同类型云的照片，来介绍云知识；⑥云研究的前沿科学问题与挑战，介绍目前云研究的前沿科学问题、云研究对气候模型的重要性及云的观测技术与新方法等。

本书主要面向大中小学生，以南方科技大学高等教育教学研究和改革项目"基于兴趣激发和教研结合的海洋专业大气科学导论课程教学改革"为依托，结合笔者的"大气科学导论"课程中大学生的学习视角和知识运用的趣谈视角，引导读者认识陆地和海洋上的云及其与天气的联系，让读者轻松识别云的类别，从而读懂天空的"表情"，引发读者对云观察的兴趣和思考。

欢迎大家关注笔者团队的科普公众号——COAST科普，上面会不定期地发布大气科学相关的科普内容。

由于时间仓促，本书难免存在不足之处，欢迎读者批评指正。

李莹

2024年12月

云的基础知识：揭开云的神秘面纱

目录

什么是云？…………………………………………002
 云的定义……………………………………002
 云的基本特征………………………………004
 云的基本组成………………………………006
云的形成条件………………………………………008
 主要过程：暖湿空气遇冷形成云…………008
 必要条件……………………………………010
云形成的物理过程…………………………………011
 地表水的蒸发………………………………011
 水汽的抬升…………………………………011
 水汽的冷却与凝结…………………………012
 云的生长与消散……………………………012
 降水的形成…………………………………012

云的分类：认识不同的云

低云族 low…………………………………………018
 积云 cumulus……………………………………019

层积云 stratocumulus……………………………………025

　　层云 stratus………………………………………………030

　　雨层云 nimbostratus……………………………………035

　　积雨云 cumulonimbus…………………………………038

中云族 mid……………………………………………………041

　　高层云 altostratus………………………………………042

　　高积云 altocumulus……………………………………045

高云族 high…………………………………………………054

　　卷云 cirrus………………………………………………055

　　卷层云 cirrostratus………………………………………064

　　卷积云 cirrocumulus……………………………………066

云与天气：天气的预言家

云如何影响天气系统……………………………………070

　　降水调节…………………………………………………070

　　温度调节…………………………………………………071

　　大气动力调节……………………………………………071

天气系统如何影响云……………………………………072

　　湿度和温度………………………………………………072

VII

气压系统……………………………………072
　　风的作用……………………………………073
　　季节变化……………………………………073
　　地形因素……………………………………074
　　冷暖空气混合………………………………074
极端天气与云……………………………………075
　　雷暴与积雨云………………………………075
　　暴雪与层云…………………………………078
　　雾与层云……………………………………079
　　其他…………………………………………081
如何通过云预测天气……………………………088
　　古代…………………………………………088
　　近现代至今…………………………………089

海洋与云：海洋的天空

海上云系的形成…………………………………096
　　形成机制……………………………………096
　　类型与形态…………………………………097
　　分布与移动…………………………………097
　　对天气与气候的影响………………………098
海上常见云系……………………………………099

积云 cumulus……………………………………………099
　　层云 stratus……………………………………………100
　　雨层云 nimbostratus……………………………………102
　　卷云 cirrus………………………………………………103
　　积雨云 cumulonimbus…………………………………104
　　高层云 altostratus………………………………………105
　　高积云 altocumulus……………………………………106
海洋气候对云的影响………………………………………107
　　海洋湿度…………………………………………………107
　　海洋温度…………………………………………………107
　　海洋环流…………………………………………………108
　　季风气候…………………………………………………108
　　气压系统和气候带………………………………………108
　　气候变化…………………………………………………109
海上云的研究现状…………………………………………114
　　云与海洋的相互作用……………………………………114
　　气候变化的区域性影响…………………………………114
　　气候变化的反馈机制……………………………………115
　　绝对湿度与气溶胶对海上云的影响……………………115
　　极端天气事件的关联……………………………………115
　　观测技术、数值模拟与气候模型的改进………………116
　　跨学科研究………………………………………………116
全球变暖对云的影响………………………………………117
　　云量的减少………………………………………………117

云的动力学变化·················118
云分布的不对称性···············119
云的改变及其影响···············119

云趣谈

"天空之城"之旅·················122
准备·······················124
滑行·······················125
起飞·······················126
爬升·······················127
下降·······················143
着陆·······················144

云游四海·······················145
华南——四季光景，流云奔涌·········145
华东——山清水秀，变化多端·········148
华北东北——山海之上看云海·········151
西北——雄浑壮阔，美不胜收·········153
高原——扶摇而上，耸入云霄·········154
西南——云谲波诡，天府之国·········156
在云端——云海遨游，俯瞰神州·······159
云的地理分布与季节性变化特征········159

云研究的前沿科学问题与挑战

云观测技术的进步 ·· 164
 高分辨率卫星遥感：太空中的"千里眼" ············ 164
 激光雷达：穿透云层的"三维扫描仪" ··············· 165
 原位测量：云微物理研究的"黄金标准" ············ 165
 受控实验：云室模拟技术 ································ 166

云的机理研究 ·· 167
 云微物理过程的精细化理解 ···························· 167
 气溶胶 – 云相互作用 ······································ 168

云研究对气候模型的重要性 ··································· 169
 云的参数化方案与高分辨率模拟 ······················ 169
 云的气候反馈机制 ··· 170
 云 – 降水相互作用 ··· 171

云研究的应用与挑战 ··· 172
 人工影响天气的科学评估 ································ 172
 云地球工程 ··· 173
 挑战与展望 ··· 174

后记：云梯之上 ·· 176
主要参考文献 ·· 179

云的基础知识：
揭开云的神秘面纱

云揭秘：从天气密码到未来气候

什么是云？

◎ 云的定义

云，这些飘浮在天空中的神秘"棉花糖"，是由大气中的水汽在遇冷后凝结而成的小水滴或小冰晶。它们是地球庞大水循环过程的可见成果之一。当阳光照射地面，水体蒸发形成水蒸气，随着温度的变化和空气中的微尘聚集，这些水蒸气开始凝结，最终形成我们熟悉的云朵。

云的形态千变万化，时而蓬松如羊毛，时而薄如轻纱，甚至因为高度和形态的不同而被细分为多种类型。

它们在天气系统中扮演着举足轻重的角色，影响着降水、太阳光辐射和气温等天气现象。

云的基础知识：揭开云的神秘面纱

▲ 云的示意图

◎ 云的基本特征

1.形态

云的形态如同艺术家的画笔，可以"描绘"出各式各样的风景。它可以是浓密的积云，让人联想到一片飘浮的棉絮；可以是辽阔的层云，仿佛为天空披上了一层轻纱；可以是纤细的卷云，像是天空中的丝带……根据云底的高度，它们被分为低、中、高3个层次，各层次下又细分为不同的属和类，比如低空中温柔的层云和高空中优雅的卷云。

2.动态特性

云是大自然的舞者，随着风、温度和湿度的变化而不断变换其形状和位置。它们在空中自由地舞动，时而浓厚，时而轻盈，展现出无穷的生命力。

3.颜色与透明度

云的颜色和透明度反映着天空的"情绪"。厚重的云层可能呈现深沉的灰色或神秘的黑色，而轻薄的

云的基础知识：揭开云的神秘面纱

云朵则如同洁白的棉花糖。它们的透明度也随厚度和天气的变化而改变，薄云通常较为透明，厚云则可能遮蔽阳光。

4.观测和应用

云的观测是气象学家的"秘密武器"。云的类型与降水、暴风雨、晴天等天气现象息息相关。通过观察云的变化，我们可以预测接下来的天气，比如雷暴的到来或降水的可能。通过了解这些基本特征，我们能够更好地理解云的形成和变化，以及它们对天气和气候的深远影响。总的来说，云是地球气候系统的重要组成部分，影响着天气和环境。

◎ 云的基本组成

云的基本组成主要包括水汽和气溶胶，这两者在云的形成和演变中扮演着重要角色。现在，让我们来仔细探索其中的奥秘吧。

1.水汽

水汽，无色，无味，无形，是云的主要组分，由地表水体（如海洋、湖泊和河流）蒸发产生。当空气中水汽的含量达到饱和状态时，水汽便开始凝结，变成棉花糖似的白云。在云中，水汽以液态水滴或固态冰晶的形式存在，水滴和冰晶的大小、数量和分布直接影响云的厚度、颜色以及降水的形成。

2.气溶胶

气溶胶是悬浮于大气中的微小固体或液体颗粒，如灰尘、花粉、盐粒、烟雾等。气溶胶能对云的特性产生影响，例如，来自海洋的盐粒能促进云滴的形成，工业污染物（如硫酸盐）可能会影响云的反射性与降水模式。

3.水汽与气溶胶的相互作用

足够量的水汽和气溶胶的存在可以促进云的形成和发展。气溶胶的数量和性质会直接影响云的微物理特性，比如水滴的数量和大小分布。气溶胶不仅有助于云的形成，还会影响降水的效率。如果气溶胶数量过多，可能形成大量小水滴,导致降水效率降低,称为"干云"现象。二者在云的形成、发展和降水过程中的作用不可或缺。水分为水汽凝结提供了基本的材料,而气溶胶为水汽凝结提供了必要的表面。这种相互作用对我们理解云的特性、天气现象及气候变化具有极为重要的意义。

▲ 云的基本组成示意图

云揭秘：从天气密码到未来气候

云的形成条件

云的形成是一个奇妙的过程，涉及暖湿空气与冷空气的亲密互动，以及水汽的凝结与抬升。现在，让我们来一起探索云形成的主要过程和必要条件吧。

◎ 主要过程：暖湿空气遇冷形成云

云的形成需要丰富水汽与凝结核的合作，而冷却过程则是由空气上升运动引发的绝热冷却。暖湿空气在向上攀升时会逐渐冷却，水汽便开始凝结或凝华，形成云朵。不同的上升运动形式和规模会造就不同状态、高度和厚度的云。空气的上升运动主要有如下4种类型。

（1）热力对流：当地表因阳光照射而受热不均时，空气便会因不稳定的气层而发生对流上升。这种由对

云的基础知识：揭开云的神秘面纱

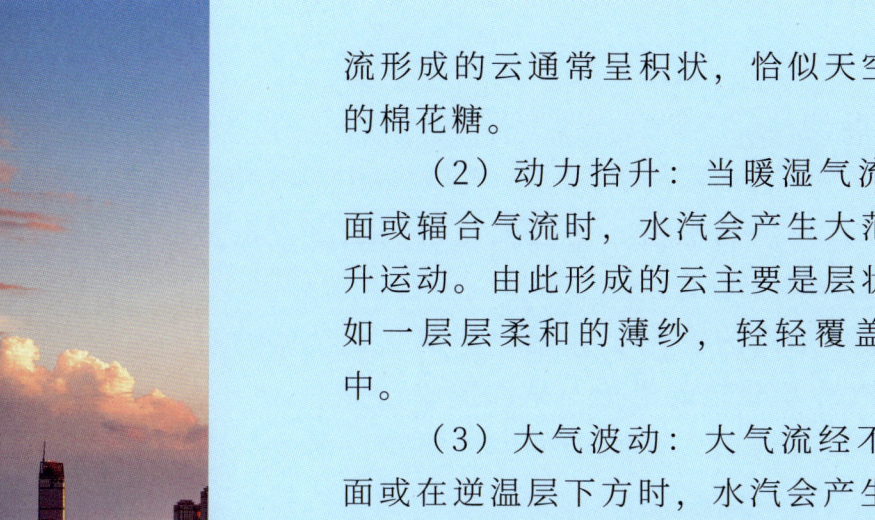

流形成的云通常呈积状，恰似天空中飘浮的棉花糖。

（2）动力抬升：当暖湿气流遇到锋面或辐合气流时，水汽会产生大范围的上升运动。由此形成的云主要是层状云，宛如一层层柔和的薄纱，轻轻覆盖在天空中。

（3）大气波动：大气流经不平的地面或在逆温层下方时，水汽会产生波状运动。这种由大气波动形成的云呈现出独特的波状形态，恰似天空中的涟漪。

（4）地形抬升：当气流遇到山脉等地形障碍被迫抬升时，水汽便会形成各种云朵。气流在这类上升运动的作用下可以形成积状云、波状云和层状云，这些云被统称为地形云，仿佛大气在天空这块巨幅画布上轻轻挥洒的笔触。

◎ 必要条件

（1）充足的水汽：空气中充足的水汽含量是云形成的基本条件之一。

（2）适当的空气上升运动：空气上升运动可以使水汽冷却凝结或凝华，从而形成云。

（3）凝结核：来源于粉尘、颗粒、海上气溶胶等液态或固态的悬浮微粒。空气中的凝结核可以促进云的形成。在其他条件相同的前提下，若没有凝结核，云就难以形成。

当空气中的水汽和凝结核被空气携带着做上升运动时，随着高度不断上升，气压逐渐降低，空气开始膨胀，并在此过程中不断消耗自身的热量，从而导致温度不断下降。随着温度的降低，空气承载水汽的能力越来越弱。这时，空气中装不下的一部分水汽就与凝结核相遇，二者结合成水滴，如果高空温度低于0℃，则会结合为冰晶。这些水滴或冰晶的体积和质量都非常小，能被上升气流托住，它们的上升速度会变慢，可以悬浮在空中。无数小水滴或冰晶聚集在一起就形成了云，冰晶与水滴可将阳光散射到各个方向，便形成了我们熟知的美丽云彩。

云的基础知识：揭开云的神秘面纱

云的形成是一个复杂而精彩的过程，涉及多个物理过程。现在，让我们一起揭开这些过程的面纱吧。

云形成的物理过程

◎ 地表水的蒸发

地球上的湖泊、河流、海洋和冰川在阳光的照耀下，默默蒸发，释放出大量水汽。当空气中的水汽浓度逐渐增加，并达到饱和时，空气就像是充满了水的海绵，蓄势待发。温度、湿度和风速等因素在这一过程中扮演着重要角色。

◎ 水汽的抬升

当温暖的湿润空气从地表上升时，上升气块在越来越稀薄的大气中不断膨胀，使其自身温度持续降低——这便是绝热冷却。当气块冷却至露点温度（饱和点），其中的水汽便不再漂泊无依，它们纷纷依附于微小的凝结核（如尘埃、盐粒），凝结成亿万个微小的水滴或冰晶。这些微小的粒子最终汇聚成我们仰望天空时所见到的、形态万千的云朵。

云揭秘：从天气密码到未来气候

◎ 水汽的冷却与凝结

当水汽上升到高空后，因高空空气温度较低，水汽会发生冷却作用，使其饱和水汽压降低，当水汽的含量达到或超过饱和状态，且空气温度下降时，空气中的水汽就会失去能量，水汽开始凝结，形成液态水滴或固态冰晶，这些微小的水滴聚集在一起便形成了各种不同形状和大小的云，在天空中"绘制"出美丽的"画卷"。

◎ 云的生长与消散

云的形成和发展是一个动态的"生命"过程，受大气中水汽、气流和温度等多种因素的影响。随着时间的推移，云会不断生长和消散。当空气中的水汽充足时，云中会继续生成新的水滴，并逐渐增大；而当空气中的水汽减少时，云滴的相互碰撞和合并使得原本蓬松的云层逐渐变得稀薄，最终导致云的消散，就如同一场盛大的演出结束后，舞台上的演员渐次退场。

◎ 降水的形成

当云中的水滴或冰晶变得足够大时，它们会克服空气阻力，开始下落，形成降水。降水的形式多种多样，包括雨、雪、冰雹等。

总之，云的形成是一个多阶段的过程，涉及水汽的蒸发、上升、冷却和凝结等阶段。了解这一过程不仅有助于我们认识天气现象，还能够加深我们对气候变化的理解。

云的基础知识：揭开云的神秘面纱

▼ 云形成的物理过程示意图

云的分类：
认识不同的云

云揭秘：从天气密码到未来气候

云不仅是天空的装饰，在天气预报和天气预警中更是气象变化的重要"信使"。根据世界气象组织（World Meteorological Organization, WMO）发布的《国际云图集》，云被分为10个基本属，统称为十云属，包括积云、层积云、层云、雨层云、积雨云、高层云、高积云、卷云、卷层云和卷积云。它们形态各异，但都离不开这几个字：积、层、卷、雨、高。这10种云的分类依据是它们的形态特征，且可以进一步按云底高度划分为高云、中云和低云。

每个云属不仅具有独特的形状和结构，还可根据颜色、透明度、排列形式及形成原因等因素进一步细分，这样一来，便产生了大约100种不同的变种。这种丰富的变化使得云的观察既复杂又有趣。云的颜色变化往往与光的

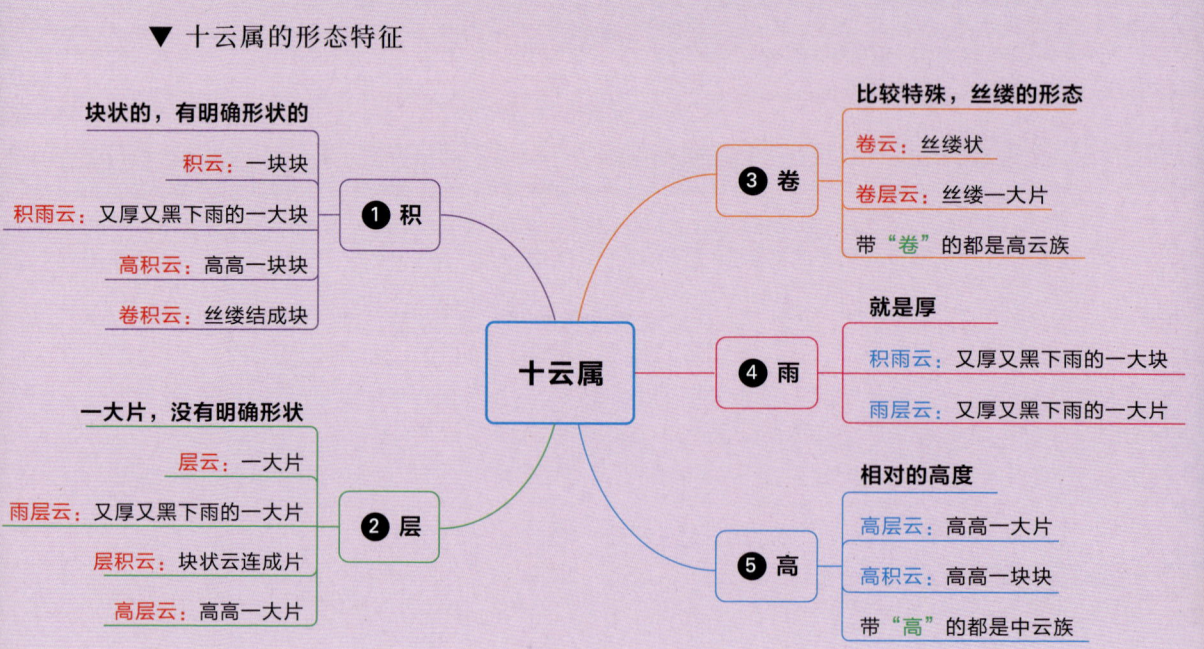

▼ 十云属的形态特征

云的分类：认识不同的云

折射和散射有关，云中的水滴或冰晶会影响光线的传播，从而使我们看到不同颜色和形态的云。例如，积雨云通常呈现较暗的颜色，而卷云则显得更加轻盈、透明。

在本章中，我们以南方科技大学（以下简称南科大）为研究背景，系统地拍摄和筛选了大量云图作品，深入分析各类云的基本分类。我们力求将内容呈现得既具代表性又富有趣味性。通过将身边的云与天气变化串联起来，读者不仅能够轻松掌握云的类别，更能以南科大学生的独特视角，真切地感受到云与天气的动态变化。

▲ 云的家族图

云揭秘：从天气密码到未来气候

低云族 low

低云族作为三大云族之一，其云层高度通常小于2000m（约6562英尺），主要包括积云、层积云、层云、雨层云、积雨云5个云属。

低云族的 5 个云属

项目	描述
云属	积云（淡积云、浓积云、碎积云等） 层积云（成层状层积云、堡状层积云、透光层积云、蔽光层积云等） 层云（薄幕层云、碎层云等） 雨层云 积雨云（秃积雨云、鬃积雨云等）
主要特点	多数低云都有可能降水，其中积雨云、雨层云是制造雨雪天气的主力
云体构成	多数由微小水滴组成，积雨云的上部由微小冰晶组成
云底高度	一般低于2000m（约6562英尺）

◎ 积云 cumulus

积云，呈一块块的棉絮状，底部平坦，顶端多向上凸起。它们在晴朗的日子里悠然自得地在空中飘浮。积云通常形成于天亮后的几个小时，往往在日落之前便会消散。在大多数情况下，积云不会产生降雨或降雪，但在不稳定的大气中，明亮清晰的积云会向上生长，形成更为复杂的形态。这些云可从小小的淡积云发展成中积云，再转变为浓积云，当浓积云底部变得暗黑时，便可能导致短时大雨，甚至进一步发展成带有强烈对流的积雨云，最终引发暴风雨。

关于积云的民间谚语也颇具趣味。如"馒头云，天气晴"，指的是淡积云通常预示良好的天气；"乌头风，白头雨"，表示浓积云可能带来降雨；"跑马云，台风临"，这里所说的"跑马云"通常是指快速移动、形状破碎的碎积云，可能预示台风的来临。这些谚语生动地描绘了积云与天气变化之间的关系。

1.淡积云

淡积云，"淡"字当头，出现在大气对流较弱的环境中，给人一种轻盈闲适之感。淡积云的特点是位置较低，底部平坦，云体虽看似庞大，但云块之间大多不相连。它们在空中的高度在600~900m之间。淡积云常在湛蓝天空的映衬下显得格外美丽，成为晴朗天气的典型象征。

云揭秘：从天气密码到未来气候

▲ 淡积云 [赵帅　摄于南科大一丹图书馆（坐落于琳恩图书馆北侧，地势更高）]

　　远眺校外的高楼大厦和宏伟的塘朗山，竟有"不畏浮云遮望眼，自缘身在最高层"之感。

云的分类：认识不同的云

陆机的《叹逝赋》云："川阅水以成川，水滔滔而日度。世阅人而为世，人冉冉而行暮。"以"阅"命名该湖，寓意南科人手不释卷，知识、经历如湖水点滴汇聚沉淀，春华秋实，绘就生命华章。

▲ 淡积云（李金澜　摄于南科大阅湖）

▼ 淡积云（冯缘　摄于南科大6号门）

背靠深圳大学，每逢傍晚时分，高墙外有一条长长的路边摊美食街，可以与深圳大学学生一起共享晚餐夜宵，任来自五湖四海的各色地方小吃肆意满足您的味蕾。

021

云揭秘：从天气密码到未来气候

2.浓积云

　　浓积云，垂直尺度远大于水平尺度，有时呈塔状，有时像堆积的棉花山，多喜欢"霸占"整个山头，云底高度一般在2000m以下。当浓积云发展较为强烈时，可能会引发雷暴现象。这类云的内部气流非常活跃，能够形成强烈的气象现象，常让人深切领略到大自然的磅礴力量与独特之美。

▼ 浓积云（赵帅　摄于南科大教学区主干道）

主干道左侧是教学楼、台州楼，右侧是行政楼、琳恩图书馆。两者由平静清澈的湖水连接。

云的分类：认识不同的云

▲ 浓积云（赵滢 摄于南科大专家及教师公寓）

　　湖光山色，群英荟萃，视野开阔，呈现了一座现代化、数字化、生态化的大学校园公寓，筑巢引凤，吸引了众多英才在此扎根。

云揭秘：从天气密码到未来气候

3.碎积云

碎积云是一种薄而轻盈的云层，其边缘通常呈丝毛状，形状变化多端且飘逸灵动，没有明确的外形轮廓。它们大多呈白色，给人一种柔和的视觉感受。碎积云的云底高度一般在2000m以下，常出现在晴朗的天气里，有时是台风来临的预兆。

▲ 碎积云（赵滢 摄）

形似蛋花汤状，开始消散。云体薄，边缘呈丝毛状。

◎ 层积云 stratocumulus

层积云是一种块状云，常连成片，有着边界清晰的团块状底部。其云体通常呈低矮的一层或一团云，团块之间要么相连，要么存有缝隙。其形成主要与空气的波状运动和乱流混合作用有关，水汽在这些作用下凝结而成，有时也会由于强烈的辐射冷却而形成。

其形态常不规则，云体多为白色，但在浓厚时也可呈现黑色或灰黑色。尽管层积云可能不是最受人们喜爱的云，但它却是变化丰富的云彩之一，在全球陆地的年平均云量中可占12%。

浓厚的层积云常与层云和高层云相混淆，但它们的云底较低且轮廓清晰，而层云和高层云并不具备这样的特征。非常厚的层积云有时也可能与雨层云混淆，后者通常伴随持续的降水，云底较为杂乱，而层积云的云底均匀且一般不会出现连绵降水。

在与天气预报相关的民间谚语中，也有不少与层积云有关的。如"宝塔云，西方起，早上出现当日雨"，这里所说的"宝塔云"一般指早晨在西边出现的堡状层积云，它预示着对流旺盛，可能会有降雨；"云彩像城堡，下午大雨就来到"，这句谚语暗示着当天空出现堡状层积云时，天气变化可能会带来降水；"鬼仔划船去，大雨如倾盆"则形象地描述了当特定形态的层积云出现时，即将迎来暴雨的情景。

1.成层状层积云

成层状层积云是一种向水平方向延伸并连接成层的云。其云层高度很低，云底面高度不超过1500m，属于低云类型，云底面上常呈现出不规则的凹凸感。

云揭秘：从天气密码到未来气候

▲ 层积云（宋尚恒　摄于南科大琳恩图书馆）

黄昏时的成层状层积云覆盖了整片天空，霞光洒满天际，书香传递楼宇间。

2.堡状层积云

堡状层积云是连接成片的云系统，云底平坦，云顶向上凸起，呈钝齿状。云层高度较低，云体较厚，给人一种稳重厚实的感觉。当蔚蓝的天空被堡状层积云布满时，在阳光照

云的分类：认识不同的云

射下，云体可能呈现出明亮的白色或柔和的灰色，风景优美，宁静宜人，适合人们到户外放松身心，享受自然之美。

相较于积云，堡状层积云在空中的位置更低，覆盖范围更为广阔。积云通常较为蓬松，形态各异，就像棉花糖一样轻盈地飘浮在空中。相比之下，堡状层积云凭借着厚重感和广阔的覆盖面，在晴朗的天空中更为显眼，给人一种稳定的安全感。无论是在城市公园，还是在乡间小路，抬头仰望这片堡状层积云，都会让人感受到大自然的宁静与和谐。

▲ 堡状层积云（宋尚恒　摄）

云层上部有炮塔状凸起。

027

3.透光层积云

透光层积云是层积云的变种，其云体非常薄，透光性强，能够让人清晰地看到太阳或月亮的轮廓。这种云通常在低空出现，呈现出似乎有规律分布的块状或长条状的形态。其特点在于组织较为松散，云块之间的空隙较大，云层厚度较易变化，天气条件的变化也会使其形态和透光性随之改变。

▲ 透光层积云（张倩晴 摄于南科大心湖）

心湖，形似心脏。"世上无难事，只怕有心人。"以"心"命名，旨在提醒南科学子培育丰润的心灵，做个"有心人"，真诚地热爱生活，体悟生活、科学之美之趣。

4.蔽光层积云

蔽光层积云，属于层积云的变种，云体很厚，能完全遮住太阳或月亮。蔽光层积云是一种低层云，通常位于地面以上2000m以内，呈现出平坦、均匀的层状结构。这种云的特点是覆盖范围广，像一层薄被一般遮蔽天空，常常给人以阴沉的感觉。它可能会带来弱降水，一般为小雨或毛毛雨，若这类云层继续转化为雨层云，则可能会出现持续的降水。

▲ 蔽光层积云（李金澜 摄于南科大工学院大楼）

理工学科的逻辑与架构贯穿在工学院极简的"C""U"形象中，该大楼是校园西面的标志性建筑。

◎ 层云 stratus

云体均匀成层，呈灰色，状若雾霭，却并不与地面相接。它是所有云种中高度最低的一类，云底通常不高于450m。其特点是灰暗平淡，常遮挡住高层建筑的楼顶，使其变得模糊不清。倘若层云足够低，甚至接近地表，便被称为雾或霭。在陆地上，层云的全球年平均覆盖率可达5%。

层云的形成主要涉及几种途径：首先，潮湿的空气流经寒冷的表面，如寒冷的海面或融雪覆盖的地面时，空气遇冷凝结，从而形成层云。其次，空气在抬升过程中冷却，也会形成层云。这种情况常见于空气吹过山腰的低坡，或暖空气缓慢地越过一片冷空气之时。最后，夜间形成的雾在逐渐增强的风力作用下被搅动并抬升到空中，也会转变为层云。

常有谚语形容其特点，如"乱云低薄暮，宿雨洗清秋"，这里的"薄暮"指的就是低垂的薄幕层云，通常呈现灰色且毫无特色，是层云的常见形态；又如"早上浮云飞，晌午晒死鬼，早上浮云走，中午晒死狗"，其中"浮云"即碎层云，一般呈团块状或碎片状，多见于山腰地带。若这些云层于雨云下方的潮湿空气中形成，就被称作碎积云。

云的分类：认识不同的云

▲ 层云（宋尚恒　摄于南科大主校门，即2号门）

　　左侧是理学院，右侧是商学院，两者之间由地面平坦碧绿的草坪、地上开阔的现代化巍峨大楼并肩连接，一起见证着南科大与城市的发展与变迁。

云揭秘：从天气密码到未来气候

1. 薄幕层云

薄幕层云，通常出现在海拔2000m以下，其云层呈灰色，外观如雾霭，没什么特色，给人以柔和、模糊之感。它通常覆盖整个天空，几乎没有透光性。它主要因冷空气与湿润空气相遇而形成，通常在夜间或清晨的低温条件下出现。在天气变化中，它常预示着即将到来的降水。

▲ 薄幕层云（赵帅　摄于南科大荔园后山）

荔园有美食、宿舍、收发快递室、球场，也有美丽的风景。荔园后方是南科大创园，不少院系的办公场所和实验室都位于此。

2.碎层云

碎层云，是一种形态较为零碎的层云，由层云分裂或浓雾抬升形成支离破碎的层云小片。它在山区最为常见，其形成通常与地形、气候和湿度相关。这种云给山体披上了一层朦胧而浪漫的面纱。由于其独特的外观，它常被文人墨客称为"山岚"，并在诗词歌赋中频频现身，成为描绘自然美景的重要元素。

▲ 碎层云（李金澜　摄于南科大二期宿舍和荔园之间）

后方的建筑为荔园和创园，白色的校车是南科大后勤工作的重要组成部分。

云揭秘：从天气密码到未来气候

▲ 碎层云（冯缘　摄于南科大镜湖）

　　湖水如镜，澄澈明亮。以"镜"为湖名，寓意南科人时时观照自己，自省自律，品行高洁，继往开来。

◎ 雨层云 nimbostratus

雨层云，云体均匀成层，布满整个天空，完全遮蔽阳光，呈现暗灰色。这种厚重、灰暗且缺乏明显纹理的云，给人一种压抑之感。它不仅会使光线缺失，影响周围万物的色彩呈现，还会带来连续性降雨或降雪，使整个氛围显得沉闷乏味。

其形成通常源自高层云的增厚与下降，随着云体浓厚度的不断增加，云底会出现模糊且颜色更深的碎层云或碎积云，这标志着降水的来临。谚语如"满天乱云飞，风雨下不停"和"天上灰布悬，雨丝定连绵"，形象地描绘了雨层云到来的情景。雨层云出现时，通常会伴有大量灰色破碎的云块，给人一种不安的预感。当这些碎片状的雨层云因风力作用而快速移动时，阴雨天气将更为频繁。

天空被乌黑没有边界的一大片雨层云布满了，天空呈暗灰色，润扬体育馆显得威猛而霸气。润扬体育馆是南科大最大的室内运动场所，共4层，中空结构，4层楼共用一个天花板，内设10个羽毛球场。

▲ 雨层云（李金澜 摄于南科大润扬体育馆）

云揭秘：从天气密码到未来气候

▲ 雨层云（刘笑雨　摄于南科大1号门）

乘坐地铁到塘朗地铁站C出口，步行200m即到南科大1号门。

云的分类：认识不同的云

　　黑色碎片状雨层云的出现，不仅使周围的光线变暗，还可能导致气温骤降、湿度上升，营造出一种阴沉的氛围。这种景象常让人预感到即将来临的风雨，也成为摄影爱好者捕捉自然之美的绝佳时机。

▲ 成群的碎片状雨层云正在移动（赵滢　摄于南科大松禾体育场上空）

◎ 积雨云 cumulonimbus

积雨云被誉为"云彩之王",为人们观察自然力量提供了绝佳契机,其壮观的形态和强烈的气象活动使它在云系中独树一帜。这种巨大的暴风云有时能攀升至16 000m的高空,形成典型的铁砧状形态,常单独形成,也可以与周围云体共同孕育出多单体风暴或者超级单体风暴。

积雨云云体外形多呈巨大团块,垂直厚度极为显著,外轮廓清晰分明,云底大多平坦,且云底高度通常低于2000m。在其下方,你会看到那黑暗、粗糙的云底,低得仿佛要将整个天空笼罩。

积雨云和雨层云主要通过降水形式来区分。积雨云常引发强降水,并伴有雷鸣电闪,有时甚至会降下冰雹。民间谚语"火烧乌云盖,大雨来得快"生动地描述了积雨云形成后的天气骤变,提醒人们留意即将来临的雷暴和降水。积雨云下辖秃积雨云和鬃积雨云。

1. 秃积雨云

秃积雨云是典型的对流云,其显著特征是顶部高耸,呈宝塔状或花菜状。云体浓厚且庞大,底部阴暗,常在对流强烈和水汽充沛的环境中形成,让人一眼便能感受到暴风雨的逼近。

云的分类：认识不同的云

▲ 秃积雨云（王彦洁　摄于南科大中心餐厅）

俗话说"民以食为天"，天大地大吃饭最大，南科大中心餐厅设有大众菜、粥档、面档、粉档、特色小炒、潮汕好味、冒菜等种类繁多的菜品，供您挑选并吃饱吃好。

云揭秘：从天气密码到未来气候

2.鬃积雨云

鬃积雨云是秃积雨云发展到成熟阶段的云种，其特征是向顶部的四周扩展，呈砧状，并带有明显的纤维状或条状结构。它标志着暴雨将至，气象条件愈发不稳定。遇到鬃积雨云，请务必格外小心，因为它常伴随强烈降水，可能会出现暴雨、雷电，甚至冰雹等极端天气，此时应及时寻找避雨之处。从电荷分布来看，鬃积雨云的云顶通常带正电荷，云底带负电荷，这种电荷分布是引发雷电现象的基础。

▲ 鬃积雨云（成志娟　摄于南科大工学院大楼外）

云的分类：认识不同的云

中云族 mid

中云是由微小水滴、过冷水滴及冰晶或雪晶混合构成的云层。它们通常位于2000~6000m（6562~19 685英尺）的高度区间。中云的主要类型包括高层云和高积云。高层云在夏季常与降雨相伴，而在冬季则主要引发降雪；高积云在厚度较薄时一般不会出现降水现象，但在高原地区，特定形态的高积云会出现降雨（雪、幡）。

中云族的两个云属

项目	描述
云属	高层云（透光高层云、蔽光高层云）高积云（层状高积云、荚状高积云、堡状高积云、絮状高积云、透光高积云、蔽光高积云、积云性高积云）
主要特点	高层云可以产生弱的雨雪，高积云只是偶尔会飘落些弱的雨雪。中云族明明都出现在对流层的中下部，不是最高的云，但名字里都有"高"字，使其迷惑不少人，这里的"高"可以理解为"较高"
云体构成	由微小水滴、微小冰晶组成
云底高度	一般位于2000～6000m（6562～19 685英尺）之间

◎ 高层云 altostratus

高层云属于中云范畴，通常在2000m以上的高空形成。其颜色大多为灰白色或灰色，有时带有微蓝色。高层云一般呈均匀的幕状，云底常有条纹结构和纤缕结构，分布范围较广，常常遮蔽整个天空。当云层较薄时，太阳或月亮的轮廓可以透过云层被观察到，就像隔着一层磨砂玻璃；而当云层较厚时，则完全无法看到太阳或月亮。

高层云主要是由于层结构稳定的暖湿空气沿着锋面缓慢滑升，或者受到对流层气流的辐合作用而缓慢上升，经过绝热冷却后形成的大范围层状云幕。高层云常由卷层云增厚或雨层云变薄演变而来，有时也会由蔽光高积云演变而成。

高层云通常被视作所有云彩类型中最缺乏趣味的一种，毫无生气与特色。高层云通常比层云颜色更暗，也绝不会像卷层云那样产生大气晕。它多属锋面云系，可降下少量的雨雪。

1.透光高层云

透光高层云的云层厚度相对较薄，能够透过云层看到太阳或月亮的轮廓。不过，由于云层的散射作用，观察到的光线往往较为模糊，给人一种如同隔着一层磨砂玻璃的感觉，这常使得天体的具体形状和细节难以辨认。地物无影，也不会出现晕。

云的分类：认识不同的云

▲ 透光高层云（张倩晴 摄于南科大二期宿舍）

南科大的学生宿舍分两种：一种是湖景房，另一种是山景房。二期宿舍依水而建，风景优美，宁静宜人。

南科大会议中心位于南科一路和学苑大道交会处，北临大沙河。以通透的玻璃为主要材质，弧形屋面与立面的垂直竖向线条结合，简洁而轻盈，"一山、一河、一会堂"是场地最大的特征。

▲ 透光高层云（李智仁 摄于南科大会议中心）

云揭秘：从天气密码到未来气候

2.蔽光高层云

蔽光高层云的云层很厚，其底部可见明暗相间的条纹结构，日、月被掩，不见其轮廓。民间谚语"云幕均匀满天空，若无台风也有水冲"所描述的，正是蔽光高层云加厚的情景，这通常是降水的先兆。在全球陆地范围内，蔽光高层云的年平均云量占比约为4%。

▲ 蔽光高层云（成志娟 摄于南科大琳恩图书馆）

琳恩图书馆是于2013年启用的一幢现代感强、面积达10 000m²的三层建筑。馆长寄语：勤读书，惜韶光；馆内书琳琅，槛外柳依依。

◎ 高积云 altocumulus

高积云属于中云类别，云底高2～6km，云层厚200～700m。它是由稳定且湿润的空气在中云高度发生波动而形成的。

高积云的外观可以呈块状、片状或球状；云块颜色多为白色或灰色，中心部分相对阴暗；不同部分的透光程度不一，较薄的部分能让阳光透过，此时可能出现彩虹或光环现象。高积云一般分为多种类型，包括层状、荚状、堡状、絮状、透光、蔽光、积云性等。根据云的形态和厚度，不同类型的高积云可以预示不同的天气变化。例如，薄的高积云通常预示着天气晴朗，而厚的高积云可能带来降水。相关的气象谚语有："棉花云，雨快临"，它针对的是絮状高积云，暗示即将降雨；"炮台云，雨淋淋"与堡状高积云相关，表示降雨的可能性大；"梭子云，定天晴"则指向荚状高积云，通常预示着晴天。在全球陆地范围内，高积云的年平均云量可占17%。

1.层状高积云

层状高积云是一种特定类型的高积云，通常出现在大气层2500～4500m的高度区间。其云体较薄，一般由高而薄的高积云云块组合而成，呈现出层状的外观。它们会逐渐占据天空，并在移动过程中逐渐增厚，外观形似羊群。

这种云在气象学中具有重要意义，不仅对天气状况产生影响，还会影响日照和能见度。有的层状高积云容易增厚并下降，进而转变为蔽光高层云，甚至雨层云。这意味着天气可能会发生变化，比如从晴朗转变为多云或降雨。

云揭秘：从天气密码到未来气候

▲ 层状高积云（成志娟　摄于南科大第一科研楼后方）

　　第一科研楼，主要有7个2000m²的实验单元，设有科研实验室、研讨室、报告厅及多功能厅，是科研活动、学术交流的重要场所。

2.荚状高积云

荚状高积云是一种典型的波状云，外形类似透镜或豆荚，具有清晰的边界，通常由多个个体连成云片，聚集在一起。

荚状高积云形成的主要原因如下：当潮湿的气流越过上升的地形（如小山丘或山峰）时，空气会呈现出波状运动。若该区域的大气较为稳定，波峰位置就会出现荚状高积云。此外，荚状高积云的形成与下层气流的上升和上层气流的下沉密切相关，其形态独特，边界清晰，能给人带来层次分明的视觉感受。

若荚状高积云的位置保持相对稳定，通常预示着中高层大气中存在下沉气流，可能带来好天气；若它忽生忽消，而且云量还逐渐增多，则意味着冷锋即将逼近，预示着阴雨天气的到来。民间谚语"天上豆荚云，不久雨将临"正是对这种云的描述。

▲ 荚状高积云示意图

3.堡状高积云

堡状高积云，外观呈现出类似城堡的垛状结构，通常在水平云底之上形成。其顶部的凸起使得整片云看起来极具立体感，营造出一种宏伟的视觉效果。

民间谚语"天有城堡云，地上雷雨临"生动地反映了这种云与天气的密切关系，即它预示雷雨天气的到来。通常，堡状高积云在夏季的早晨出现。随着气温的升高，底层对流活动增强，上下层大气的不稳定性加剧，极易引发强烈的雷雨天气。

▲ 堡状高积云（赵滢 摄于南科大第一教学楼）

南科大第一教学楼分置于南北两翼。为便于大量人流的集中和疏散，与校园景观大道和检测中心的灰空间产生一定的连续性和对话关系。

4.絮状高积云

"棉花云,雨快临。"其中的"棉花云"指的是絮状高积云。小块积云的团簇,个体形态破碎,如同棉絮团,云体结构一般较松散,呈白色。

絮状高积云的形成通常与低层暖平流作用有关,这种作用会导致云层稳定性降低。当在某一高度上湿度较大且存在强烈的扰动时,便会形成这种云,此时可能会出现强降水和雷暴天气。

▲ 絮状高积云 [张倩晴　摄于南科大 1000 余亩(1 亩 ≈ 666.67m^2)的荔枝林]

每逢烈日炎炎的夏天,岭南荔枝便自南向北次第成熟,山野无不披红点翠,其中约 90% 都是"网红"的桂味和糯米糍品种。

云揭秘：从天气密码到未来气候

▲ 南科大的荔枝树（张倩晴 摄）

"日啖荔枝三百颗，不辞长作岭南人。"一颗颗圆胖饱满的荔枝，被绿叶衬托，携着清露，挂满了枝头。白雀山、无名岭披红点翠，许多棉花云布满天空，成了校园中一道靓丽的风景线。

5.透光高积云

透光高积云，云块较薄，呈白色，形似鱼鳞或瓦块，常呈一个或两个方向整齐地排列，云块之间有明显的缝隙。这种云朵通常在高气压控制、大气较为稳定的条件下，于中空逆温层下形成，是晴天的征兆。民间常有"天上鱼鳞斑，晒谷不用翻"的说法，这样的云层一般出现在秋天。不过，这种云的出现一般也预示着天气的不稳定，是强冷空气到来时出现的一种云层。因此，有谚语讲"鱼鳞天，不雨也风颠"。

云的分类：认识不同的云

南科大行政楼含行政办公中心、展厅、会议室及多功能厅，是学校部分行政人员的主要工作场所。

▲ 透光高积云（韩昊橦 摄于南科大行政楼）

湖畔的书院是南科大学生的家，南科大书院致力于促进学生在认知、情感、社会性等方面的多维成长。目前，南科大共成立了6个书院，分别是致仁书院、树仁书院、致诚书院、树德书院、致新书院、树礼书院。

▲ 透光高积云（张国卿 摄于南科大湖畔书院）

云揭秘：从天气密码到未来气候

6.蔽光高积云

蔽光高积云是一种特殊的云层，属于中云，通常由众多白色或灰色的云块组成，大部分云层较为密集，云块之间几乎没有间隙，给人一种整体较为阴暗的感觉。云块颜色多为白色或灰色，且常带有阴影，形成较深的暗色调，显得不规则且变化多端，一般难以分辨出太阳或月亮的位置。

▲ 蔽光高积云（张倩晴 摄于南科大14栋）

14栋拥有层次丰富的立体空间：垂直院落、空中廊道、地表花园，涵盖了住宿、餐饮、文娱康乐设施、学术及文化活动等功能。

7.积云性高积云

积云性高积云的云块大小不一,通常呈灰白色,给人以柔和而不均匀的视觉效果。云块顶部略有凸起,外形上具有一些积云的特征,常常呈现出流线型的形状。它是由衰退的积云或积雨云在下部消失后,顶部向上扩展而形成的。这种变化多发生在天气系统转变过程中,当之前的积云或积雨云因气流变化而减弱时,剩余的云块在高空重新排列从而形成积云性高积云。

▲ 积云性高积云示意图

云揭秘：从天气密码到未来气候

高云族 high

高云是一种由微小冰晶组成的云层。其云底高度一般在6000m（约19 685英尺）以上，在高原地区相对较低。高云伴随降水的情况较为少见，但在北方冬季，卷层云和密卷云有时也会带来降雪，人们偶尔还能观察到雪幡现象。高云主要分为卷云、卷层云和卷积云3种类型。

卷云下辖毛卷云、钩卷云、密卷云、堡状卷云、絮状卷云、伪卷云；卷层云下辖毛卷层云、薄幕卷层云；卷积云下辖成层状卷积云、荚状卷积云、堡状卷积云、絮状卷积云、尾迹云。在全球陆地范围内，卷状云的年平均云量占比可达22%。

云的分类：认识不同的云

高云族的 3 个云属

项目	描述
云属	卷云（毛卷云、钩卷云、密卷云、絮状卷云、伪卷云和尾迹云） 卷层云（毛卷层云、薄幕卷层云） 卷积云（成层状卷积云、荚状卷积云、堡状卷积云、絮状卷积云、尾迹云）
主要特点	基本无降水，有高云未必一定有风雨，但风雨来临前一般会出现高云。高云是对流层中最高的云族，但是名字中却都没有"高"字，但每一种高云都带有"卷"字，生动形象地勾勒出高云家族"爱打卷、千丝万缕"的形态
云体构成	由微小冰晶组成
云底高度	一般在 6000m（约 19 685 英尺）以上

◎ 卷云 cirrus

卷云，是一种优雅而轻盈的云彩，通常形成于高空。其云底高度一般在 4500～10 000m 之间，厚度从几百米到几千米不等。卷云主要由轻轻飘落的冰晶构成，云体稀疏，外观薄而白，闪烁着晶莹的光泽，透光性良好，阳光透过时几乎不会留下阴影。卷云是所有云彩类型中外形最为优雅、缥缈的，整体云系完全由冰晶组成。它们在天空中呈现出各种形态，如丝条状、羽毛状、钩状、片状和砧状等。冰晶在下落过程中，会穿过对流层上部的风，形成如幡般美丽的天空艺术绘画效果。卷云通常看上去像白色

云揭秘：从天气密码到未来气候

的发丝。按外形和结构的不同，卷云可分为毛卷云、钩卷云、密卷云、絮状卷云、伪卷云和尾迹云。

▲ 卷云（张倩晴　摄于南科大人文科学中心）

轻巧通透的建筑形体，依山就势，在"山""水""院""廊"的交错交融中，以最质朴的方式呈现出最富有人文气息的建筑组团。

云的分类:认识不同的云

1. 毛卷云

"游丝天外飞,久晴便可期",这句谚语生动地描绘了毛卷云云体如薄纱,有时带有丝绸光泽、有时纤细而分散、有时如羽毛般弯曲的特点。这种云如果孤立出现,通常是好天气的征兆,表明当时的气象条件较为适宜。

▲ 毛卷云(张倩晴 摄于南科大荔园和创园之间)

连接宿舍区与教学区的小路在未开学时十分寂静。

云揭秘：从天气密码到未来气候

2.钩卷云

钩卷云，一种特殊形态的卷云，其特征在于云丝平行排列，末端向上倾斜，形成小钩状或小团状的外观。其出现通常预示着锋面或低压即将来临，预示着存在降水的可能性。因此，有"天上钩钩云，地上雨淋淋"的说法，这形象地描绘了这种云彩与降雨之间的关联。

▲ 钩卷云（林子奕 摄于南科大上空）

南科大具有很高的绿化率，楼宇、建筑群落之间设有草坪、林木、花草、水流等。

3.密卷云

密卷云,一种比毛卷云更为厚实的云类型。其云丝稠密且成层分布,云体部分呈透明状或乳白色中略带灰色,透过云层,日月轮廓清晰可见。它的形成源于高空中冰晶的聚集。若密卷云继续发展,通常会在20～30h内带来降水天气。农谚里就有"天上扫帚云,三五日内雨淋淋"的说法,形象地描述了密卷云与降水之间的关联。

▲ 密卷云(赵帅 摄于南科大盛夏)

右侧为凤凰木枝叶。

云揭秘：从天气密码到未来气候

4.絮状卷云

絮状卷云的云体呈现出丝毛状的蓬松团块形态，通常由多个相对独立的团块组成，边缘模糊难辨。它主要由冰

▲ 絮状卷云（林子奕　摄于南科大第三教学楼）

　　第三教学楼可供3000多名学生同时上课。第三教学楼以教学会所为设计理念，结合滨水大台阶设置2层室外平台，打造学生交流互动、休憩学习的多层次空间。

云的分类：认识不同的云

晶构成，通常与良好的天气条件相关联，不过也可能预示着天气即将发生变化。在阳光照射下，絮状卷云往往呈现出迷人的光辉和绚丽的色彩，极具观赏性。

▲ 云（赵滢 摄于南科大欣园运动场）

天空上层为絮状卷云，下层为浓积云。

云揭秘：从天气密码到未来气候

5.伪卷云

伪卷云是积雨云顶部脱离主体后残留的冰晶部分，常呈砧状或伞状。其云体规模相对较大且厚重，它的出现往往预示着大气状态从不稳定向稳定转变，通常现身于天气变化的前期阶段。

▲ 伪卷云（宋尚恒　摄于南科大商学院）

含教室、会议室、模拟实验室、办公室、讨论室等，是校园学术主轴和人文景观轴的重要建筑群。日落时的伪卷云带有"瑞霞飞舞晚宵新，碧落黄泉一梦寻"之意境。

6.尾迹云

尾迹云,即人们俗称的"飞机拉烟"。在晴朗的天空中,人们常能看到当喷气式飞机在高空飞行时,机身后方会拖曳出一条或多条长长的"云带"。尾迹云的形状多样,一般有羽毛状、絮状和悬球状。它在冬季出现的概率高于夏季。一般来说,飞机在7000~10 000m的高度飞行时更容易形成尾迹云景观。

▼ 尾迹云(成志娟 摄于南科大第三科研楼上空)

◎ 卷层云 cirrostratus

卷层云通常在5500～8000m的高度形成。云体均匀成层，呈透明状或乳白色。透过云层的太阳或月亮的轮廓清晰，常伴有光晕现象。卷层云的高度和厚度与卷云相近。当云体增厚且云底降低时，则预示天气将发生变化，可能伴随降水；若云量无明显增多或云量减少，则意味着天气不会有显著变化。按其外形和结构等可分为毛卷层云、薄幕卷层云。

1.毛卷层云

毛卷层云，具有明显的丝缕状结构，云体较薄且不均匀，通常呈白色或半透明状，常伴有晕现象。谚语"毛玻璃云有小雨"表明，当毛卷层云出现时，若云层变厚变低，此后天气有降雨的可能性。

▲ 毛卷层云（刘源昊　摄于南科大11栋宿舍背面）

2.薄幕卷层云

薄幕卷层云为均匀的云幕。有时,它薄得几乎看不见,只因有晕,才证明其存在;当云幕较厚时,也看不出什么明显的结构。它常形成于湿润的空气环境中,其特点是平坦且均匀,能营造出柔和的光晕效果。谚语"日晕三更雨,月晕午时风",指的就是薄幕卷层云出现时伴有日晕、月晕等光学现象,此后天气可能发生变化,预示着风雨即将来临。

▲ 薄幕卷层云伴有日晕光学现象示意图

◎ 卷积云 cirrocumulus

卷积云是由冰晶组成的高层云，通常出现在5500m以上的高空。云块很小很薄，白而无影，能透过日光和月光，形成鳞片状的云块。有谚语"鱼鳞斑，不卷也风颠"，形象地描绘出卷积云个体通常成行或成群整齐排列，宛如轻风吹过水面所激起的小波纹。在一定条件下，卷积云可降低成为高层云，而高层云降低又可演变成雨层云。若此类云数量较多，往往预示着大风天气即将到来。

卷积云下辖成层状卷积云、荚状卷积云、堡状卷积云、絮状卷积云。谚语"天上豆荚云，不久雨降临"，是指荚状层积云在山边或城市上空出现时，一般是阴雨天气的先兆；"小鱼鳞天不过五"指的是在冷空气到来前，细碎的絮状卷积云布满天空，通常预示着天气将在5天内发生变化。

▲ 卷积云（周祐民 摄于南科大10号路上空）

云的分类：认识不同的云

▼ 卷积云（虞舜弘　摄于南科大理学院大楼前方）

理学院大楼拥有教学实验室、科研实验室、教室、办公室及讨论室。作为校园南端的制高点，该大楼是校园形象的重要展示之一。

　　云的世界如同一幅绚丽多彩的画卷，展现出千变万化的形态与五彩斑斓的色泽。正如芸芸众生，从来没有相同的两个人一样，每一朵云都有其独特之处，从轻盈飘逸的卷云到厚重凝滞的雷雨云，它们在天空中肆意舞动，形成了令人惊叹的自然景观。这种多样性不仅吸引了无数观察者的目光，更为气象学家们提供了丰富的研究素材。

　　云的分类，正是对这种多样性的科学阐释。通过分析云的形状、组成和高度，科学家们能够将它们精准地划分为不同的类型。每一种云的形成都与大气的运动和环境条件密切相关，反映了气象变化的动态过程。这种变化不仅仅体现在视觉上，更是天气与气候变化的重要指示信号。

　　在下一篇章中，我们将进一步深入地探讨云与天气之间的关系。

云与天气：
天气的预言家

  云与天气系统之间的相互作用是气象学中的一个重要研究领域。云不仅是天气系统的反映，而且它们的存在和类型还能显著地影响天气状况、降水、温度以及气候变化。通过观察和研究云的变化，气象学家可以更好地预测天气，并理解大气和环境的复杂动态。

云揭秘：从天气密码到未来气候

云如何影响天气系统

云与天气系统之间的关系如同紧密相连的舞者，彼此影响，共同演绎出大气的动态舞步。云是天气系统的重要组成部分，反过来，天气系统又通过多种方式影响云的形成和特性，使可见的云成为气象条件变化的生动体现。云在天气系统中起着非常重要的作用，主要通过以下几个方面影响天气。

◎ 降水调节

当云中的水滴或冰晶增长到一定程度后，云会产生降水，如雨、雪等。不同种类的云会产生不同类型的降水，从而影响地球的降水分布和气候变化。例如，积雨云常产生雷暴和阵雨，而层云可能带来毛毛雨或米雪。

◎ 温度调节

云层能反射和吸收太阳辐射，从而调节地球表面的温度。厚厚的云层会将更多的太阳辐射反射回太空，从而起到降温作用；同时，云层也能吸收地面散发的热量，再将其逆辐射回地面，有助于产生为地球保温的"温室效应"。

一般来讲，云的温室效应是由高层云产生的，而低层云起到的是对地球的冷却效应，即"冷室效应"。云的这种效应对全球气候变化产生了重要影响。

◎ 大气动力调节

云也可通过调节大气动力来影响天气。水蒸气在云中凝结成水滴或冰晶的这个过程中会释放潜热，从而加热周围的空气，并促使空气上升，进一步增强大气对流。云层的形成和发展会促进热量在大气中重新分配，进而对天气系统的强度变化和移动路径产生影响。

在强烈的太阳辐射下，地面空气被加热，形成强烈的上升气流。同时，云层的形成会加剧这种不稳定性，导致大气对流增强。

天气系统如何影响云

◎ 湿度和温度

空气中的湿度和温度是云形成的关键因素:在高湿度条件下,空气更容易达到饱和状态,促进云的形成,特别是在温度冷却时,水蒸气的凝结会迅速生成云。温度的变化直接影响空气的饱和度和水汽含量,从而影响云的形成和类型。温度的快速变化常导致大气对流增强,从而形成多种类型的云。因此,天气系统通过调节温度和湿度来影响云的形成、类型和分布。

这一过程是复杂的,但温度和湿度在其中扮演着核心角色,认识其他因素对温度和湿度的影响是理解云与天气系统关系的关键。

◎ 气压系统

低气压区通常伴随上升气流,这有利于水汽的凝结,容易形成积云和降水云(如雷雨云)。这些云的形成往往与对流活动密切相关,能够引发强烈的天气现象,如雷暴和暴雨。高气压区则通

常伴随着下沉气流，这会抑制云的形成，使天气多为晴朗。此时，大气中的水汽被抑制，形成干燥的天气。

◎ 风的作用

强风能够将来自海洋的湿气输送至陆地，增加云形成的机会。特别是在沿海地区，当湿润的气流遇到陆地时，容易形成云层，进而产生降水。在不同高度上风速和风向的变化（风切变）可能导致云的形成和发展。这种现象在气象学中被称为"对流增强"，常见于强对流天气系统。

◎ 季节变化

季节的变化直接影响温度和湿度、气压、风等天气因素，从而影响云的形成和类型。例如：在夏季，由于强烈的太阳辐射，地表气温升高，空中容易形成对流云，如积雨云。这些云不仅影响当地的降水模式，还能引发雷暴等极端天气。在冬季，在较低的温度和高湿度条件下，常见层云和降雪的形成。这些层云的出现通常与冷空气的侵入和气温的骤降密切相关。

云揭秘：从天气密码到未来气候

◎ 地形因素

除了天气，地形对云的形成和分布具有显著影响。当湿润的空气遇到山脉时，空气被抬升，导致冷却和凝结，形成所谓的"地形云"。这种现象在山区尤其常见，地形的复杂性决定了云的类型和分布。某些地区的特定地形条件（如峡谷、平原等）可能导致特定类型的云频繁出现，从而影响当地的天气模式。

◎ 冷暖空气混合

当接近饱和的冷暖气团在锋面附近相遇时，可能达到饱和状态，促使水汽凝结成云雾。这一过程在气象学中被称为"锋面云系的形成"。例如，在冷锋和暖锋的交汇处，层云和雾的形成尤为常见。这些云的出现不仅预示着天气的变化，还可能引发降水，影响周边的气候条件。

极端天气与云

◎ 雷暴与积雨云

我们一般说的雷暴云,是指作为主体的积雨云及其附属云(如糙面云、乳状云等)的统称。典型的雷暴云是具有强烈上升气流和下沉气流的积雨云,其垂直发展较高,顶部呈砧状或鬃状,底部较暗,时有悬垂结构。积雨云的云顶向上发展,可一直到达对流层顶,受到对流层顶的抑制后沿水平方向铺展,形成云砧。因垂直发展旺盛,从外形看,积雨云云体浓厚庞大,就像一座耸立的山峰。

雷暴是积雨云强烈发展的结果。积雨云通常上部带正电,下部带负电,当云中的电位差达到一定数值时,就产生火花放电,即闪电。当强大的电流通过时,空气迅速膨胀,产生巨大的响声,即雷声。雷暴表现为闪电并伴有雷声,有时亦可只闻雷声

云揭秘：从天气密码到未来气候

而不见闪电。雷电在形成过程中，云的某些部分积聚正电荷，另一些部分积聚负电荷，当这些电荷积聚到一定程度时，将产生放电现象。这种放电有时在云层之间，有时在云层和大地之间进行，后一种放电也叫落雷，会破坏建筑物，伤害人畜。

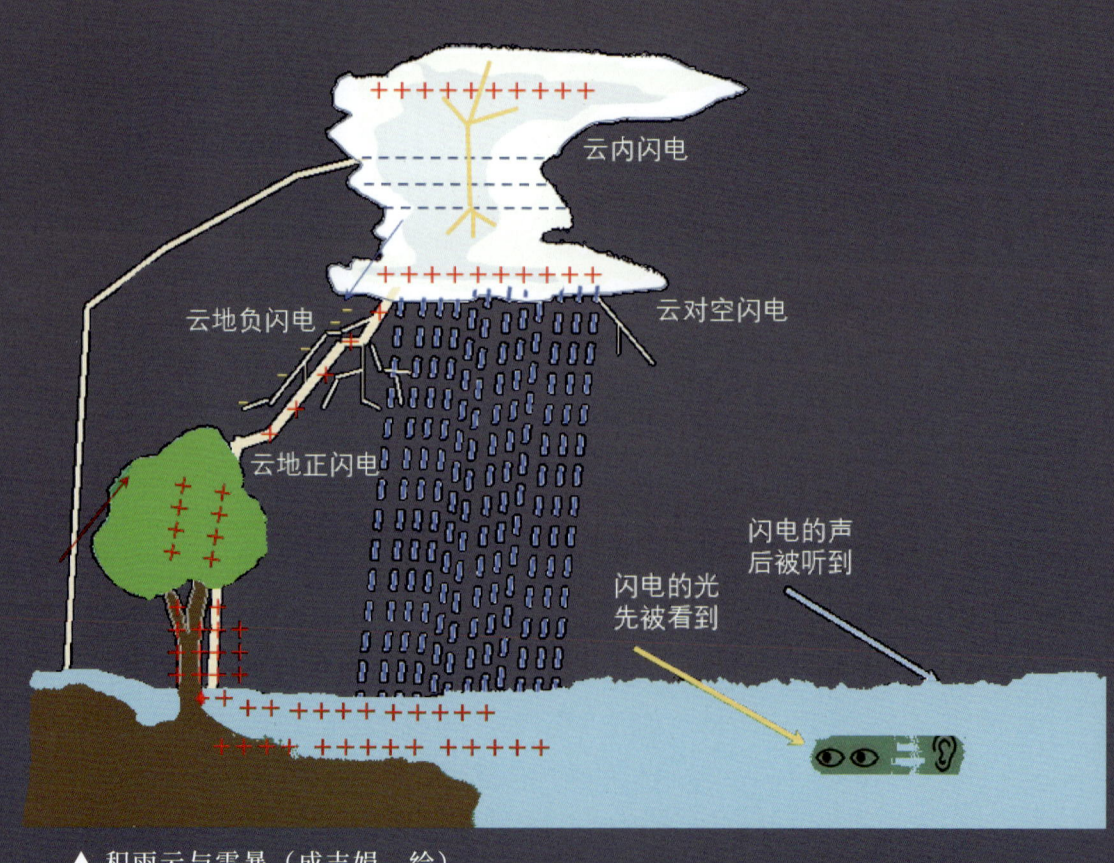

▲ 积雨云与雷暴（成志娟 绘）

云与天气：天气的预言家

雷暴的形成主要分为3个阶段：一是积云阶段（又称发展阶段），即云从淡积云发展成浓积云；二是成熟阶段（又称积雨云阶段），即云从浓积云发展成积雨云；三是消散阶段，当云中上升气流减弱，下沉气流占优势时，积雨云就过渡到消散阶段，一个雷暴单体的生命就此结束。

从淡积云发展为浓积云（发展阶段）。

从浓积云到积雨云（趋向消散阶段）。

▲ 浓积云—积雨云的发展预示雷雨天气示意图（成志娟 绘）

◎ 暴雪与层云

层云是一种低层云，通常呈均匀的灰色或白色，覆盖着广阔的天空。它们通过提供必要的水汽和合适的环境条件，为暴雪的产生奠定了基础。当湿润的空气上升并冷却时，水汽就会凝结，形成层云。在暴雪发生之前，尤其是在寒冷季节，厚厚的层云提供了必要的水汽，随着气温的下降，上升的气流会导致水汽在层云中凝结，从而产生降雪。

当层云中的水汽充足且温度适宜时，降雪可能会非常猛烈，形成暴雪。暴雪通常与低气压系统有关，而这些系统在其上方常常伴随着层云的存在。层云的广泛覆盖意味着较大的湿气来源，能够支撑持续的降雪。

雪与云的类型之间有着密切关系，雪的形成与云中水汽凝结成的冰晶有关。当云中的水汽遇到冷空气时，水汽会凝结成冰晶。这些冰晶在降落过程中相互碰撞合并，形成雪花。不同类型云对降雪的影响不同，具体归纳如下。

（1）低云：包括积云、层云、层积云等，通常在2500m以下形成，由水滴组成，对太阳光和地面热量的吸收和反射强烈，常带来雨雪或雾霾现象。

（2）中云：包括高积云和高层云，在2500~6000m之间形成，由水滴或水滴和冰晶混合组成，对天气有一定影响，可能会带来降雨或降雪。

（3）高云：包括卷云、卷积云和卷层云，形成于6000m以上，由冰晶组成，对天气影响较小，但可以指示天气变化。

◎ 雾与层云

雾的形成与几种特定类型的云有关，尤其是那些与地面接近的低层云。以下是与雾形成相关的主要云类型。

（1）层云：当层云降到接近地面时，可能会形成雾，这种情况通常称为"低层云雾"。

（2）雾云：实际上是层云的一种。当水蒸气在地面附近凝结时，就会形成雾。雾云中的水滴非常小，悬浮在空气中，导致能见度降低。当湿润的空气遇到冷却的地面或物体时，水蒸气凝结形成了雾。

（3）积云：在某些条件下，特别是在湿度较高的情况下，低层的积云可能会导致局部的雾形成，尤其是在夜间或清晨。

云揭秘：从天气密码到未来气候

▼ 暴雪与层云示意图（成志娟　绘）

云与天气：天气的预言家

◎ 其他

1.高温热浪

高温热浪是指在炎热季节，气温持续保持在高温状态（35℃以上），并伴随强烈的阳光辐射，对人们的生活和工作带来严重影响的一种高温天气现象。高压系统常常是热浪的主要原因，这种系统通常抑制云的形成，导致晴朗的天气。高温热浪期间，通常出现的是对流云（如积云）。对流云可能在局部区域形成，带来短暂降水，但整体上依然是干燥天气。

高温热浪不仅会对人体健康造成威胁，还会引发极端天气灾害，如干旱、森林火灾等。在此类环境下，人容易出现头晕、恶心、出汗过多等不适症状，而老年人、儿童、孕妇以及慢性病患者等易感人群则可能面临更高的健康风险。针对高温热浪，人们不得不采取一定的防御措施，如室内开空调降温，及时补充水分，政府及时发布高温天气预警等。

云揭秘：从天气密码到未来气候

高温天气下，阳光穿过大气层，由于光波较长的红色光和橙色光更易被保留，而光波较短的蓝色光和紫色光则更易被散射掉，因此，晚霞更偏向于呈红色和橙色，鲜艳而美丽。

▲ 高温热浪时的晚霞实景（林子涵 供）

2.洪水

洪水是水体在短时间内大量涌入或积聚到通常不被水覆盖的地区，导致水位上升，进而产生的淹没现象。洪水可以由多种因素引起，包括自然因素和人为因素。洪水包括暴雨洪水、融雪洪水、海潮洪水、冰雪融化洪水、城市洪水、堤坝溃决洪水。

云与天气：天气的预言家

▲ 洪水现象示意图（成志娟　绘）

与洪水相关的云类型主要有积雨云、层云和层积云、锋面云、气旋云。积雨云的上升气流强劲，能够将水汽迅速带到高空，从而形成大量降水，进而引发洪水；当层云或层积云长时间覆盖某个地区时，此种持续性阴雨天气，可能导致土壤饱和，进而引发洪水；当温暖湿润的空气与冷空气相遇时，形成的锋面云也可能导致长时间的降水，这种降水在某些情况下也会引发洪水；热带气旋或温带气旋系统中的云可以带来极端降水，尤其是在风暴经过时，降水量可能非常大，从而引发洪水。

3. 干旱

干旱是长期无雨或降水不足，导致土壤水分不足和作物生长受限，从而使水分平衡遭到破坏而减产的气象灾害。干旱还指淡水资源的总量不足，无法满足人类的基本生活需求和经济发展的需要，一般是长期的现象。其最直观的表现是降水量减少，具有出现频率高、持续时间长、波及范围广的特征。与干旱相关的云类型主要有卷云、层云，以及高压系统控制下天空无云或云量稀少的情况。

▲ 干旱现象示意图（成志娟　绘）

尽管科学技术发展迅速，但干旱仍是人类面临的主要自然灾害之一，且造成了许多破坏性后果，包括农业减产、水资源短缺、生态破坏等。值得注意的是，随着经济发展和人口膨胀，水资源短缺现象日趋严重，这也直接导致了干旱地区的扩大和干旱程度的加重，干旱化趋势已成为全球关注的环境问题。

4.寒潮

寒潮是一种显著的天气现象，主要表现为来自高纬度地区的寒冷空气大范围迅速南下，导致中低纬度地区的气温急剧下降。这种现象常伴随着强风和可能的降雪天气，对人类生活、农业生产和自然生态系统产生显著影响。寒潮常起源于极地或寒带地区，如北极、俄罗斯西伯利亚等地。这些地区的阳光照射不足，气温极低，空气气压相对较高，空气团变得异常寒冷且干燥。当冷空气团积聚到一定程度，气压增大到远高于南方气压时，便会向气压较低的地区快速移动，形成寒潮。

在寒潮发生前期，积云、高积云可能会随着冷空气而到来；当寒潮来临时，特别是在冷暖空气交汇的地方，积雨云可能形成，层云会导致能见度降低，层积云会导致阴天和寒冷的天气。寒潮会导致农作物受冻、减产，进而造成严重的经济损失；低温天气可能影响工业生产和交通运输，导致物流延误；寒潮可能导致体温过低、冻伤，尤其对老年人和儿童等易受影响群体的健康构成威胁；寒潮来临会使供电供暖需求骤增，可能导致能源供应紧张。

云揭秘：从天气密码到未来气候

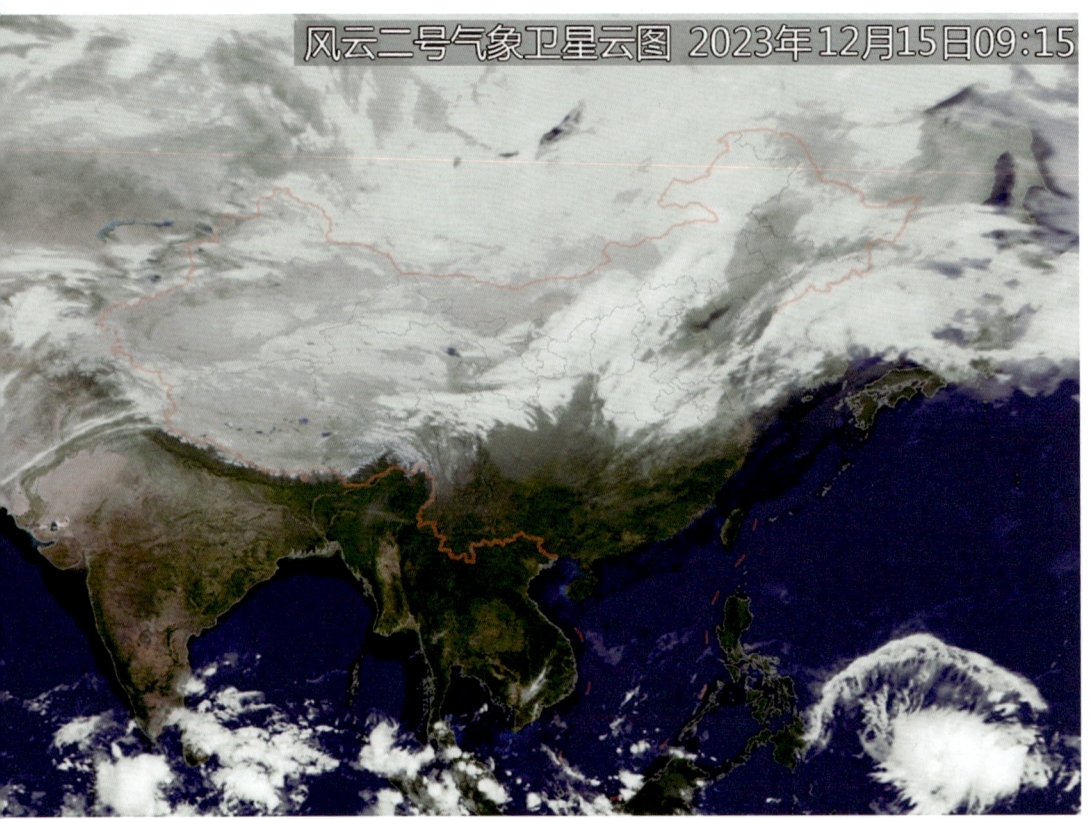

注：本图引自中国气象数据图。

▲ 寒潮事件卫星云图

5.沙尘暴

沙尘暴是强风将大量沙粒和尘埃卷入空中，形成具有突发性和持续时间相对短暂的气象现象，是荒漠化的标志。在我国，沙尘暴多发于北方地区，其中南疆盆地、青海西南部、西藏西部、内蒙古中西部和甘肃中北部是沙尘暴多发区。2021年3月15日，中国气象局国家卫星气象中心最新卫星监测显示，受锋面气旋云系后部大风影响，内蒙古、华北地区北部、东北地区西部、西北地区东部等地发生了沙尘天气。在沙尘天气下，污染物可能通过眼、鼻、喉等黏膜组织及皮肤对人体造成不同程度的刺激，沙尘颗粒进入呼吸道还可能引发多种呼吸道感染和系统性疾病。

　　卷云可能在沙尘暴形成前的天气系统中出现，积云可能会在沙尘暴的形成阶段出现，尤其是在强烈的对流天气条件下。不过，积云本身不会造成沙尘暴。在某些情况下，强烈的对流和风暴系统可能导致风速增加，进而引发沙尘暴，特别是在降雨前，强风可能会吹起地面的尘土。层云和层积云通常与湿润天气有关，可能在沙尘暴发生后出现，但在沙尘暴发生前通常不会出现。

▲ 惊"黄"失色——从"3·15"到沙尘暴研究（内蒙古包头；张书玮　供）

如何通过云预测天气

◎ 古代

在古代，人们主要通过云的形态、大气光学现象、动态变化来预测天气，并由此形成了独特的"观云识天"文化。

1.云的外观形态

许多古代文献记录了人们在观察云方面的智慧。例如：《汉书·天文志》中有"陈云如垣……杼云如杼柚（音轴）……构云如绳……钩云如句曲"的描写，《吕氏春秋》中有"山云草莽，水云鱼鳞，旱云烟火，雨云水波"的说法，这些都显示了云的形态与天气之间的密切关系。

2.云的光学现象

古代文献中对云的光学现象也有着丰富的记载。南朝梁代江淹《赤虹赋》序言中"云薄漏日，日照雨滴则虹生焉"的记载，揭示了彩虹形成的光折射和反射原理；

云与天气：天气的预言家

至唐代，孔颖达在《礼记注疏》中引用了类似说法"若云薄漏日，日照雨滴则虹生"，这表明中国在1300多年前就对彩虹成因有了初步的科学见解。徐光启的《农政全书·灾祥》则系统记录了"白虹贯日""日抱""日珥"等大气光学现象。其中，中国对日晕类现象（如"日抱"）的观测记录较西方同类记载早约700年，体现了古代对云气现象的科学认识深度。

3.云的动态变化

古人还通过记录云的动态变化来预测天气。《诗经·小雅·信南山》中的"上天同云，雨雪雰雰"，说明古人通过观察天空的阴云来判断即将到来的降水，识别雨层云的特征。

◎ 近现代至今

随着气象卫星和雷达等高科技的问世与发展，我国逐步实现了专业化、自动化观云的目标。

1.近现代以来，进行系统地面和高空观测

20世纪初，"中国气象学之父"竺可桢在北极阁气象台建立了系统的地面和高空观测体系，推动了全国气象台站的建设，促进了云与天气分析研究的发展。

2.1960年后，实现了更大范围的云观测

按世界气象组织的统一规定，全球的气象站在每天2时、8时、14时、20时同时观测，记录其站点的数据，数

云揭秘：从天气密码到未来气候

据包括对云状、云量、云高的观测等。各个气象站观测到这些数据之后，通过电报将它们汇集到世界气象组织，世界气象组织再把数据反馈给各个气象台，最终绘到天气图上。这样，全国乃至世界各地的气象台就可以用这些数据来分析和预报天气了。

云与天气：天气的预言家

通过对云的观察与分析，我们可以有效地预测天气变化，古今结合的"观云识天"智慧为我们提供了丰富的气象信息。例如，雷雨天气存在日变化规律，可根据早晨或上午天空出现的云的种类，来分析当天空气的稳定程度及水汽含量。归纳起来，有以下几点：

▼ 广东省清远气象观测场（徐浩翔 摄）

云揭秘：从天气密码到未来气候

（1）絮状云和堡状云是当日有雷雨的预兆。当早晨天空出现棉花团一样的絮状高积云，或在天边有像城堡一样的高积云或层积云时，这都说明中空气流不稳定，高空有冷空气侵入本地。当地面增热以后，对流加强就会有积雨云形成，中午或下午一般都会出现雷雨。

（2）当早晨天空有高积云，又有一条一条分散的卷云，有时低空处还有灰暗、破碎的碎层云或碎积云时，说明降雨系统正在侵入，且中空和低空有充足的水汽，将有利于积雨云的形成，因此未来可能有雷雨出现。

（3）早晨的积雨云。如果早晨就有积雨云，或正在下雷雨，则一般情况下在当日下午甚至上午，天气就会转晴。因为早晨的积雨云不是由热力对流造成的，而是在锋面附近由动力抬升作用造成的，因此，过几个小时锋面移走，天气自然转晴。

（4）早晨的浓积云。早晨的浓积云一般是由锋面或高空槽的动力作用造成的。如果浓积云顶部的花椰菜式结构很清楚，云底较平，则表明中空和低空风速不大，锋面和高空槽（高空存在的气压槽）不会很快移走。因此对流发展以后，上午就可能有雷雨。如浓积云的云顶和云底都很破碎，则说明中空和低空的风速都很大。

（5）层积云。早晨，透光层积云或蔽光层积云几乎布满天空，遮蔽了太阳光，这不利于近地面层空气的增热，因而很难形成积雨云，但如果蔽光层积云持续加厚，则可能带来连续性降水。

（6）卷层云和高层云。早晨或上午，天空中有时出现绢纱或磨砂玻璃似的云层，这也不利于地面的增热，若云层稳定（无显著变化），一般来说当天白天不会有雷雨天气。如果云层发展得很快，卷层云很快变成透光高层云，紧接着又转为蔽光高层云，且西方天边的云变得又黑又厚，则可能有冷锋逼近本地，当日就会有大面积的雷雨出现。

3.现今的自动化观测和数值模拟预报

从最初的目测观云、形成谚语，到业务观云助力大气科学理论指导天气预报方法，再到自动化观云的数据助力数值模式预报，云在不同阶段所起的作用也在发生着变化。利用雷达、卫星、船舶以及飞机等工具，云观测实现了自动化，这些工具为我们提供了丰富的多维空间和高时间频率的数据。随着数值天气预报技术的发展与业务化，在高性能计算机上通过数值模拟，如根据理论和经验设计出来的数学、物理方程组来编写反映这些方程原理的复杂程序，可以计算出未来的天气、气候。

海洋与云：
海上云世界

　　海上云世界是一个充满奇迹与变化的领域，它不仅影响着天气和航行安全，还在生态系统中扮演着重要角色。通过观察和研究这些云，我们不仅能够更好地理解天气变化，还能了解海洋生态系统的复杂性与美丽。无论是航海者、渔民，还是普通的海洋爱好者，了解海上云世界都能让我们得到无尽的乐趣与启发。希望每个人在海边仰望天空时都能领略到云的魅力与海洋的神秘。

海上云系的形成

与陆地云的形成相似，海上云的形成也是一个复杂的微物理过程，主要涉及水汽的冷却和凝结。当海洋表面的水蒸气升入高空时，温度逐渐降低，水蒸气开始凝结成微小的水滴或冰晶。海上云往往与海洋气流和海洋环境密切相关，主要受到海洋气象要素的影响，包括气温、气压、风、湿度等。

海上云与陆地云在形成机制、类型与形态、分布与移动、对天气和气候的影响等方面存在一些显著差异。以下是海上云形成的特点及其与陆地云的比较。

◎ 形成机制

水汽来源：海上云的形成主要依赖于海洋表面的蒸发。海洋广阔，水分充足，导致海上空气中的水汽含量浓度较高；而陆地上的水汽来源主要是土壤蒸发、植物蒸腾等，相对有限。

气流与对流：海洋上空的气流通常更为稳定，但强烈的对流运动更为常见，这是因为海洋表面的温度变化较小，导致空气上升时形成的云更为明显；而陆地上的气温变化大，导致对流和气流的变化也更加复杂，云的多样性会更明显。

◎ 类型与形态

1.云的类型

海上云的类型往往更为简单，常见的有积云、层云和雨层云等；而陆地云的类型更加多样，在气候和地形变化较大的地区可能出现更多特定类型的云，如山地云和锋面云等。

2.云的形态

海上云的形态通常较为均匀，层云往往覆盖广阔区域，形成稳定的天气系统；而陆地云的形态更为多变，也更易受到地形和人类活动的影响。

◎ 分布与移动

1.云的分布

海上云通常呈现出较均匀的分布，特别是在热带和亚热带地区，云层覆盖率较高；而在陆地上，云的分布受地形、植被和城市化等因素的影响，可能呈现出局部集中的现象。

2.云的移动

海上云的移动往往受大气环流和海洋气候系统的影响，移动路径较稳定；而在陆地上，云的移动可能受到地

云揭秘：从天气密码到未来气候

形和气温变化的影响，是更加复杂的移动模式。

◎ 对天气与气候的影响

降水模式：海上云通常与较大范围的降水系统相关，如热带风暴和气旋等；而陆地上的降水往往更具局部性，可能因地形或局部气候条件而产生强烈的降水差异。

气候调节：海上云在调节全球气候方面扮演着重要角色，通过影响海面温度和水循环，云层能够改变海洋气候；而陆地上的云则更多地受到局部气候和地形的影响，其气候调节作用相对有限。

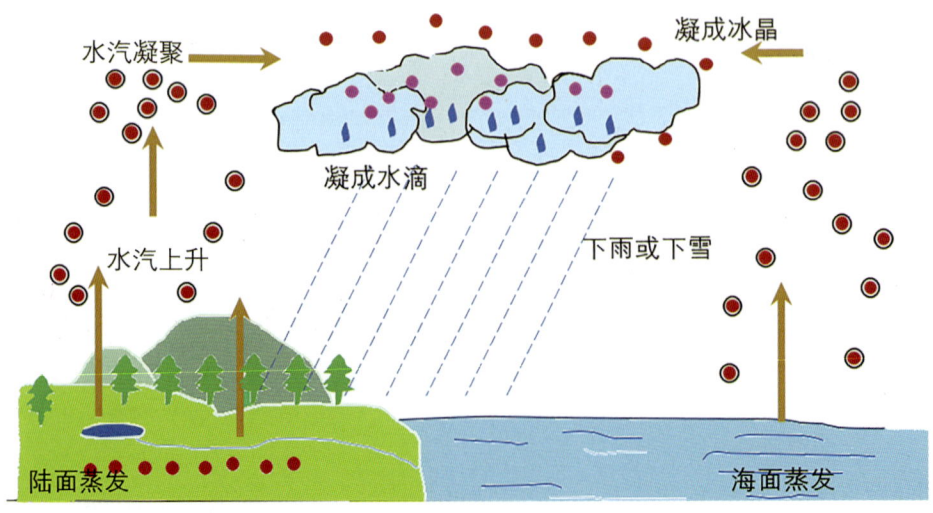

▲ 云的形成和水汽循环示意图（成志娟 绘）

海洋与云：海上云世界

海上常见云系

◎ 积云 cumulus

海上积云，白色、蓬松的云，顶部像棉花，常在晴天出现，偶尔会发展成雷雨云，全球年平均云量可占到12%。大海上方飘浮的、好像栖息在天空上的云，是一朵积云，从云种上说是碎积云，因为它的边缘会逐渐消散，这片云的寿命约10min。此时，天空晴朗，阳光明媚，适合海上航行和观光。

在海上常见的原因：当海洋表面温度较高时，水汽蒸发量大，容易形成积云。特别是在热带和亚热带地区，强烈的太阳辐射和海洋的热量促进了对流活动，使得积云频繁出现。

云揭秘：从天气密码到未来气候

▲ 海上积云（容一力 摄于香港维多利亚港）

◎ 层云 stratus

层云为低空云，呈均匀的灰色层状，常带来阴天或小雨。海上层云比陆上多，全球年平均云量可占到11%。当

海洋与云：海上云世界

海上出现层云时，低层气流较稳定，对航行安全的影响相对较小。虽然层云通常不会引发剧烈的天气变化，但由于云层较低，云下能见度较差，因此它不利于低空和超低空飞行。观测海上层云常依靠气象卫星、雷达和船舶上的气象观测设备。

在海上常见的原因：层云常在湿润的海洋空气遇冷时形成，尤其在海面较冷的情况下，湿润的空气容易凝结成层云，导致阴沉的天气。海洋的低温和高湿度是层云形成的主要因素。

▲ 海上层云（容一力　摄于珠海东澳岛）

云揭秘：从天气密码到未来气候

▲ 海上雨层云（赵滢 摄于惠州大亚湾）

◎ 雨层云 nimbostratus

雨层云通常伴随持续的降水，可覆盖大片海域，全球年平均云量可占到56%。它或许并非最受欢迎的云彩种类，但与之伴随的持续稳定降水完成了一项重要的任务，即将海洋中的盐分转化成陆地上的淡水，供养植物，维持生命。海上雨层云带来的降水会降低海上能见度，增加航行风险，也会干扰雷达图像，形成杂波和产生盲区。

在海上常见的原因：在温带和亚热带地区，雨层云主要伴随锋面气旋系统发展，暖湿空气沿冷气团斜面缓慢爬升，绝热冷却形成大范围层状云系。海洋上较为稳定的湿润环境有利于这种云系的形成。

▲ 优雅缥缈的海上卷云（赵帅 摄于深圳湾）

◎ 卷云 cirrus

卷云属于高空云，通常呈细长的丝状，白色，透明，常伴有蚕丝般的光泽。海上卷云是由冰晶组成的，看上去像白色的头发，优雅缥缈、轻灵自由，全球平均云量可占到13%。所谓"云卷云舒"，非此云莫属！在海上航行时，可通过肉眼或气象观测设备（如气象雷达、卫星云图等）来观测卷云的变化。

卷云通常出现在高空，代表着上层大气的相对稳定性。它们大多在海洋上空形成，反映出海洋表面温度和空气湿度的影响。此外，卷云是天气系统变化的预兆，常出现在冷锋或暖锋的前方。

在海上常见的原因：海洋表面温度均匀，摩擦力小，海洋蒸发能持续地为高空输送充沛的水汽。另外，海浪飞沫和海洋生物活动释放的气溶胶可作为冰核，促进高空水汽凝结为冰晶。在稳定大气条件（如逆温层）或大尺度上升运动（如急流入口区）的作用下，这些冰晶逐渐形成薄而纤细的卷云。

云揭秘：从天气密码到未来气候

◎ 积雨云 cumulonimbus

积雨云属于雷暴云，形似巨大的花椰菜，云色乌暗，云底混沌阴暗，可能带来阵雨、大风、冰雹、龙卷风等。海上积雨云在全球海域都有可能出现，其全球年平均云量可占到44%。它在中低纬度的海域更为常见，因为这些区域的海水温度较高，更容易形成不稳定的大气环境。这种云对雷达的影响最大，可造成物标丢失和产生多个假回波。

在海上常见的原因：在热带和亚热带海域，强烈的太阳辐射和高温使得海洋表面水汽蒸发量大，形成强烈的对流，促使积雨云的形成。这类云系是热带气旋和雷暴的主要来源，显示了海洋气候的动态特征。

▲ 海上积雨云（李莹 摄于深圳欢乐海岸）

海洋与云：海上云世界

▲ 海上高层云（容一力　摄于深圳人才公园）

◎ 高层云 altostratus

　　高层云为均匀的灰色或蓝色云层，常带来降水，覆盖范围广。在海上，高层云的形成通常与海洋大气中的海水蒸发含量、温度变化及空气的上升运动有关，全球年平均云量可占到22%。在海上观察高层云，可帮助航海者与气象学家预测天气变化和气候趋势。这些云层的变化与气象系统的动向密切相关，是理解大气现象的重要组成部分。

　　在海上常见的原因：高层云通常在较高的湿度和稳定的气象条件下形成，海洋上的湿润环境为这些云的形成提供了良好的条件，尤其是在气候变化的背景下，高层云的分布会不断演变。

云揭秘：从天气密码到未来气候

◎ 高积云 altocumulus

在海上观察高积云，有助于判断天气变化趋势，高积云是航海和气象预报的重要参考。高积云在海上呈现白色或灰色的波浪状，通常在晴天的午后出现，可能是即将来临的降水或气候变化的信号，在海面上方经常出现，全球年平均云量可占到22％，也为海洋景观增添了美丽的层次感。海上高积云不仅是气象学中重要的云类型，而且对海洋天气变化有着直接的影响。

▲ 海上高积云（容一力 摄于珠海飞沙滩）

海洋与云：海上云世界

海洋气候对云的影响

海洋气候对云的分布和类型有着复杂而深远的影响。海洋湿度、海洋温度、海洋环流及季风气候等因素的共同作用，决定了云的形成、发展和消散。随着全球气候的变化，海洋气候的特征不断演变。这对云的形成、类型和分布有着显著的影响，具体体现在以下几个方面。

◎ 海洋湿度

海洋是地球上主要的水蒸气来源，海洋表面的水蒸发为大气提供了大量的湿气，这些湿气在适当条件下可以凝结成云。因此，沿海地区和海洋上方的空气通常更湿润，云的形成更为容易。

◎ 海洋温度

海洋温度对天气系统和云的类型有着直接影响。较温暖的海水会加速水的蒸发，增加空气中的湿度，从而促进更多云的形成。热带地区的暖海洋通常会出现大量的积雨云和热带风暴。在寒冷的海洋上，空气通常相对较冷，常形成层云或高层云，这些云往往带来持续的小雨或阴天。

云揭秘：从天气密码到未来气候

◎ 海洋环流

海洋环流（如墨西哥湾流）会影响沿海地区的气候和天气模式。暖流会使周围的空气温暖、湿润，形成对流性云和降水；而寒流（如加利福尼亚寒流）则可能会使空气干燥，导致云量减少，形成晴朗的天气。

◎ 季风气候

季风的变化导致海洋和陆地之间的气流差异，带来明显的干湿季节变化。在夏季，陆地加热速度快于海洋，导致气压差异，从而形成强烈的上升气流，吸引来自海洋的湿润空气。白天，陆地上升气流会吸引海洋的湿润空气，从而在陆地上形成云。夜间，陆地冷却，而海洋保持温暖，可能出现反向的陆风，将干燥的空气带入海洋，从而抑制云的形成。例如，在印度洋季风期间，印度及周边地区（主要是印度洋大陆西南部，如斯里兰卡、孟加拉湾、尼泊尔等地）会形成大量云层，并导致强降雨。

◎ 气压系统和气候带

副热带高压：在副热带高压区，空气下沉，通常形成晴天或少云的天气。

温带气旋：这些系统带来不稳定的天气，常导致云的形成，尤其是带有降水的云，如积雨云和雨层云。

热带地区：由于高温和丰富的水汽，热带地区常见的云类型包括积雨云和层积云。这些云会带来强降水和雷暴。

温带地区：温带气候的云类型多样，常见的有层云、雨层云和积云。这些云与温带气旋和冷锋活动密切相关。

极地地区：在寒冷的极地地区，云的类型通常较少，主要是高层云（如卷云）和低层云（如层云）。由于寒冷和较低的水汽含量，云的形成相对较少。

◎ 气候变化

气候变化，如厄尔尼诺现象和拉尼娜现象，也会显著影响云的分布和类型。在厄尔尼诺期间，热带太平洋的海水温度升高，导致相关地区及其周边的水汽增加，通常会导致更多对流性云的形成，从而增加降水量。在这种情况下，热带地区会更频繁地出现强对流天气，形成积雨云。与厄尔尼诺现象相反，拉尼娜现象通常伴随较低的海面温度，这可能导致某些地区的降水减少、云量下降。不同地区的气候反应各异，有些地区可能经历干旱，而另一些地区则可能出现异常的降水。

海洋气候对云的影响往往与特定的天气变化密切相关，常见的天气现象主要包括以下几种。

（1）晴天：阳光明媚，晴朗无云或仅有少量细丝状、羽毛状或马尾状的卷云，卷云高度很高，一般为6000～12 000m，能见度良好，海面呈现明亮的蓝色，适合海上航行、观测和渔业捕捞等活动，但需注意防晒和避免中暑。

（2）多云：在多云天气下，云的种类多样，常见的有

云揭秘：从天气密码到未来气候

高积云和层积云，云量较多，大气存在不稳定因素，有较弱的垂直对流或者波动，部分阳光被云层遮挡，海面的光照强度和温度也都会受到一定影响，海面能见度下降，对海上航行的影响相对较小。

（3）降雨：包括小雨、中雨、大雨、阵雨、暴雨等，可能伴有雷电、大风等天气现象。雨层云是典型的降雨云系，是垂直发展极为旺盛的积雨云，与强降雨、雷暴等天气现象密切相关。降水会影响航行安全，增加航行难度和风险，大雨和暴雨则可能导致海况恶化，雷电对海上船只、石油平台等设施有雷击风险。同时，降雨也是海洋水文循环的重要组成部分，对海洋生态系统的平衡和稳定有着重要影响。

（4）海雾：海洋上低层大气中的一种水汽凝结现象，通常水平能见度在1km以下。海上常见的低能见度现象，可能导致航行危险，在海雾天气航行时，需依靠雷达、声呐等导航设备来确保航行安全；海雾天气对渔业捕捞活动也有诸多不利影响，渔民需依靠目视观察海鸟、浮标等标志来寻找鱼群；另外，在海洋科学考察活动中，海雾天气还会干扰科考仪器（如光学仪器、海洋生物观察仪器、海洋地貌测量仪器等）的正常观测。

（5）台风/飓风：发生在热带海洋上空，具有暖中心结构的强烈气旋性涡旋，是一个强大的暖性低压，台风中心气压很低，水平气压梯度很大，等压线十分密集，具有强大的风力和破坏力，是全球最为严重的灾害性天气。与之对应的云主要是积雨云，在台风的旋转力场作用下，积雨云围绕着台风中心做逆时针（在北半球）旋转运动，众多积雨云的这种旋转运动构成了整个台风庞大而壮观的螺旋状云系，这也是从卫星云图上识别台风的重要特征之一。台风天气对海上航行和沿海地区的生命财产安全构成严重威胁。

（6）风浪：伴随的云有卷云、层云或较多高积云、积雨云或浓积云，是海上常见的现象。风浪主要由风力作用产生。当风吹过海面时，风对海面施加压力和摩擦力，将能量传递给海水，使海水表面产生起伏运动，形成风浪。风浪的波峰和波谷在高度、间距和形状上都有很大变化，这种不规则现象会使船舶产生剧烈摇晃，导致船舶货物移位、船舶结构受损等危险情况，也会影响渔业捕捞活动。风浪过大会使渔船难以出海作业，阻碍收放渔网，破坏近海的养殖设施。

（7）骤雨：当浓积云发展到一定程度，内部对流进一步加强，水汽不断聚集，它就可能演变成积雨云并产生骤雨。骤雨是一种降雨强度较大、持续时间较短的降雨现象，通常由局部地区的强烈对流或快速移动的天气系统引发，本质上是大气中水汽循环过程在局部地区的一种强烈表现，是水在气态和液态（或固态）之间的转换，属于气象学中的降水范畴。骤雨会突然降低海面能见度，影响船舶瞭望，也会影响渔业捕捞，会打湿渔具和渔获物，影响渔获物质量和渔船安全性，渔民需要采取措施以确保自身安全。

（8）朝霞与晚霞：卷云、卷积云、高积云在其形成

云揭秘：从天气密码到未来气候

过程中都起了重要作用。当太阳光射入大气层后，遇到大气分子和悬浮在大气中的微粒，就会发生散射。这些大气分子和微粒本身不会发光，但由于它们散射了太阳光，每一个大气分子都形成了一个散射光源，从而在云体和云体周围呈现出美丽的朝霞和晚霞。早上的霞是朝霞，傍晚的霞就是晚霞。民间有"朝霞不出门，暮霞行

▲ 朝霞形成原理示意图（杨文卓 供）

大气分子和悬浮在大气中的微粒本身是不发光的，但由于散射了太阳光而形成一个个的散射光源，进而在云体和云体周围形成美丽的朝霞或晚霞。

海洋与云：海上云世界

▲ 海上朝霞（林子涵 摄）

▲ 海上晚霞（林子骏 摄）

千里"的说法。早晨出现鲜红的朝霞，说明大气中的水滴已经很多，预示天气将要转雨；如果出现火红色或金黄色的晚霞，表明西方已经没有云层，阳光才能透射过来形成晚霞，因此预示天气将要转晴。

综上所述，海上云系是海洋上空复杂多变的云区现象，其变化与特定的天气系统密切相关，并对海上活动产生重要影响。因此，我们需要密切关注海上云系的变化趋势和天气状况预报信息，采取卫星遥感技术、气象雷达、天气预报模型等多种观测预测海上云系的手段和方法，以确保海上活动的顺利和安全。

云揭秘：从天气密码到未来气候

海上云的研究现状

海上云研究在气候科学和大气科学领域占据关键地位，其研究内容涵盖云的形成、演变，以及对气候变化和海洋环境的影响，目前呈现出如下多方面的研究进展。

◎ 云与海洋的相互作用

海上云对气候的影响与海洋状态密切相关。研究者正在探讨云层如何影响海洋表面温度和蒸发过程，进而影响海洋的热量和盐度分布，这种相互作用在气候模型中越来越受到重视。

◎ 气候变化的区域性影响

在特定海洋区域（如热带和亚热带），云与气候变化的关系尤为复杂。例如，东太平洋和印度洋的海上云对季风和厄尔尼诺现象有显著影响。不同地区海上云对气候变化的影

海洋与云：海上云世界

响存在差异。尤其是极地与热带区域，科学家们正在进行区域性研究，以了解这些差异的根源和后果。

◎ 气候变化的反馈机制

海上云对气候变化的响应及其反馈机制是当前研究的热点之一。科学家们正在积极研究气候变暖如何影响海上云的特征，以及这些变化又如何反过来影响全球气候。

◎ 绝对湿度与气溶胶对海上云的影响

海洋表面的绝对湿度和气溶胶浓度对海上云的形成与演变具有重要影响。气溶胶作为云凝结核，影响云滴的形成和大小。因此，研究气溶胶的来源及其对云的影响是当前的重要课题。

◎ 极端天气事件的关联

海上云与极端天气事件（如热带风暴、飓风等）的关系也受到广泛关注。研究表明，海上云的变化可能影响极端天气现象的强度和频率，进而对气候预测和灾害防范具有重要意义。

◎ 观测技术、数值模拟与气候模型的改进

随着遥感技术的进步，科学家能够更好地监测和分析海上云的分布与变化。现代气象卫星（如GOES-R和Sentinel系列）提供了高分辨率的云图像和气象数据，促进了大家对海上云的深入了解。同时，数值模拟技术的进步，使得气候模型能够更准确地模拟海上云的形成、演变及其对气候的影响，这些进展为研究人员提供了更可靠的工具，以评估未来气候变化情景下海上云的变化。

◎ 跨学科研究

海上云的研究往往需要跨学科的知识，包括气象学、海洋学、环境科学等。研究团队通常由气象学家、海洋学家、气候科学家和遥感专家组成，共同探讨海上云的复杂性。

未来的研究可能会主要集中在以下几个方面：利用更精确的云物理过程模型提高对海上云的了解和预测能力；探索在气候变化背景下海上云变化模式及其对生态系统的潜在影响；加强全球和区域气候模型中的海上云表示，以便更好地预测未来气候情景。

海洋与云：海上云世界

全球变暖对云的影响

在全球变暖趋势下，气溶胶如何影响云及大气活动状态、云物理特征、云分布及云量变化、大气环流引起的气候变化、极端天气灾害及其风险，在国内外已有大量的探讨。全球变暖正给自然界和人类社会造成广泛而深刻的影响，人类正面临着显著的气候变化风险。气候变化是全人类面临的共同挑战，也是积极助力实现"双碳"目标的重要背景。全球变暖对云的影响近年来也引起了国内外许多学者的广泛关注。

最新的科研进展显示，全球变暖对云分布和云类型的影响主要体现在以下几个方面。

◎ 云量的减少

全球变暖正通过热力学与微物理过程加速低云（尤其是海洋层积云）的消散，形成加剧气候变暖的恶性循

云揭秘：从天气密码到未来气候

环。卫星数据显示，近40年来全球低云覆盖率明显下降，其中副热带海洋层积云损失最显著。全球变暖可通过多重路径破坏低云稳定性：①湍流夹卷增强：地表增温加剧边界层湍流，干空气入侵云层内部，促进云滴蒸发；②云顶冷却失效：云顶长波辐射冷却效率降低，削弱维持云体的热力对流；③气溶胶的作用：工业气溶胶短期增加云量（Twomey效应）。低云减少导致行星反照率下降。现代气候系统中，低云减少与温室气体形成"加速器-制动器"耦合：气溶胶减排如同松开刹车，而云量减少则如同猛踩油门。

◎ 云的动力学变化

据*Nature Geoscience*官网报道：随着二氧化碳浓度上升、海面温度升高，加州理工学院的Tapio Schneider团队发现，云的动力学过程发生了变化：层积云突然消失，因为额外的热量在云层中产生了更强的湍流，这些湍流混合了云顶附近的潮湿空气，将其向上和向外推向层积云的边界，同时层积云从上方吸入了干燥的空气，其结果是云层被驱散。同时，温室效应使上层大气变得更加温暖潮湿，层积云顶部的冷却效率降低。这种冷却过程至关重要，能使云团顶部冷而潮湿的空气团下沉，同时为那些因为靠近地表而变热的潮湿空气腾出空间，使其能够进入云团并形成云。当冷却作用减弱时，层积云变薄。

◎ 云分布的不对称性

低层云量在气候变暖过程中表现出不对称性，特别是在白天和夜间。这种不对称性是由对流层稳定性的下降趋势驱动的，主要是温室气体增加导致的。这种"日间反射损失大于夜间保温增益"的净正反馈，放大了地球变暖的效果，使得云覆盖趋势在一天中的特定时间对地表温度的变化更加敏感和不均匀。

◎ 云的改变及其影响

随着全球气候变暖，云的类型和分布也发生了变化。研究发现，自1980年以来，中纬度低层云有向两极移动的趋势。这种移动可能会减弱低层云的冷却效果，因为云量减少会导致更多的太阳辐射到达地面。这些变化不仅影响气候系统本身，还可能对全球环境产生深远的影响，包括影响地表温度、增加极端天气事件的频率和强度等。

云趣谈

云揭秘：从天气密码到未来气候

"天空之城"之旅

我们看云的角度常常是站在地面仰头向上，那么以俯视的视角去欣赏各类云，又是何等美景呢？在本章中，我们将以现代科技集大成者的航空之旅邀请读者加入我们，一起驾驶梦想飞机畅游"天空之城"，并透过飞机窗户展开一段神秘的旅程。前面，我们学习了这么多关于云的基础知识，下面就带领大家一起来领略一下这些知识的妙用吧。

航班成员清单

航班成员	任务	分工内容
甲（男）	未来航空工程师	酷爱技术，对飞机每一部件都充满好奇，对飞机的热情让他立志成为一名航空工程师。在旅途中，负责操控飞机的导航系统，确保航线的安全与顺利
乙（男）	未来航空工程师	擅长修理和改进机器，性格勇敢坚定。作为甲的搭档，不仅帮助解决技术问题，也负责收集和分析飞机中的数据，为研究提供技术支持
丙（女）	环保志愿者	热爱大自然，关注环境保护，温柔而善良。在旅途中负责观察和记录沿途的自然景观，尤其是极端天气影响区域，为后续研究提供重要数据
丁（女）	自然爱好者	对生态环境有着深厚的理解，热爱自然生命，关注气候变化对生物多样性的影响。在旅途中负责拍摄美丽的自然瞬间，并进行生态观察，为团队自然环境变化提供支持

他们的旅途不仅是透过飞机窗户拍照，更是一段成长之旅。在旅途中，飞机要穿越不同的天气系统：甲和乙利用飞机上的技术设备，收集有关天气变化的数据，并对数据进行实时分析，随时寻找解决方案；乙和丙随时记录外界的生态环境和自然变化。尽管面临重重挑战，他们并没有放弃，团队成员之间的合作与成长、理解和信任得到充分发挥，他们在探索大自然的过程中互相学习与帮助，并用心记录下大自然生机勃勃的模样。

◎ 准备

在阳光明媚的清晨，四位小伙伴聚集在航空基地，准备他们的模拟航班。甲和乙负责检查飞机的导航仪和引擎，确保飞机飞行的每一个环节都万无一失。乙和丙认真核对安全设备和紧急逃生程序，确保在飞行过程中能够应对任何突发情况。一切检查正常且确保安全无误后，甲请求进入跑道滑行。此刻户外天气晴朗，随着飞机起飞，地面上的车辆和行人如同微缩模型，机场的喧嚣渐渐远去，取而代之的是一种宁静而美好的期待：终于要来一次和云彩的亲密接触了！同时感叹一句：人生如同坐飞机，飞得多高并不重要，重要的是能安全地抵达目的地。

▲ 起飞准备

◎ 滑行

广播里传来温暖的声音:"请各位乘客系好安全带,飞机马上就要起飞。"随着指令的发出,飞机开始发动,它不仅要全力以赴地开足动力,还要逆风而上,这一过程充满了艰难与风险,仿佛运动员在赛场上已做好全力冲刺的准备。伴随着螺旋桨的轰鸣,飞机在跑道上滑行,轰隆隆的声响中,它全速向前奔跑,霎时腾空而起。这一幕与我们每个人的人生开端何其相似,进入社会的初期,往往是一无所有,赤手空拳地打拼,这一步的腾空而起,是对自身意志和能力的考验,也是对未来无限可能的期待。人生的旅程,也正是在这样的起伏中逐渐展开,迎接更广阔的蓝天。

▲ 飞机滑行

云揭秘：从天气密码到未来气候

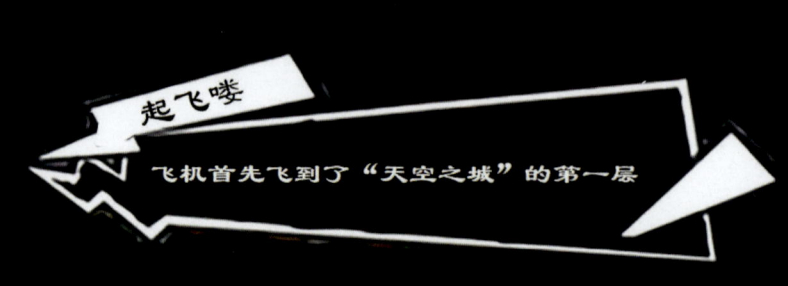

▲ 欢迎来到"天空之城"的第一层

◎ 起飞

　　隔窗望去，地面的高楼、人流、村庄、山川、河流一点点变小，渐渐地在视线中模糊了。随着飞机的升空，飞走了离别，留下了思念；踏上这条远行的路，留下的将是永恒的足迹。此刻内心异常安静，我并没有因从未驾驶过飞机而感到新奇，而是眼眶里布满了思念与不舍的泪花，伴随着一路前行的恐惧和迷茫。然而，在内心深处仍然告诉自己要坚强，绝对不能哭，让内心的感受随着窗外的风景一起起伏，飞向那未知的远方。

◎ 爬升

1.初始阶段:"天空之城"的第一层

在爬升的初始阶段,飞机以400ft[①]/min的速度迅速穿过云层,来到"天空之城"的第一层。透过舷窗,眼前一片蔚蓝,窗外的云彩宛如一幅巨大的油画,色彩斑斓,层次丰富,远处的湖光山色在阳光的照耀下显得格外明净与清澈,仿佛在不断揭示大自然的美妙与和谐之美。心情也随之激荡起来,兴奋的感觉充盈着整个心田。

▲ 飞机爬升

此刻,飞机的高度在800~3000m之间。透过舷窗望去,飞机下方的淡积云孤立而分散,如乌龟、鲸鱼。淡积云对飞行的影响较小,飞机飞行得十分平稳。若云量较多,当飞机在云下或云中飞行时,乘客有时会感受到轻微的颠簸。在云中穿行,飞机连续穿过许多云块,光线时明时暗,容易引起视觉疲劳。

① 1ft ≈ 30.48cm。

云揭秘：从天气密码到未来气候

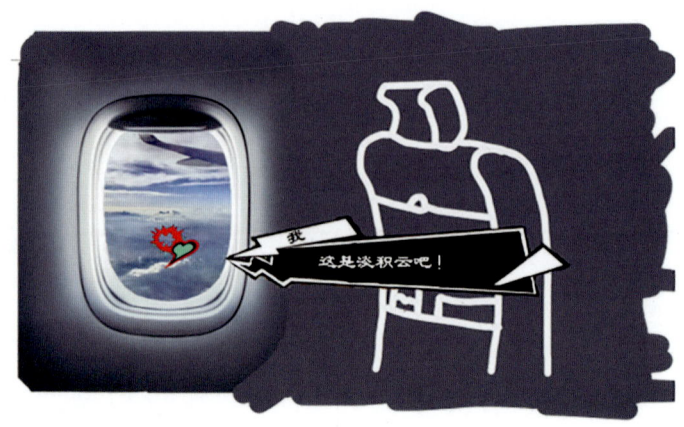

▲ 空中的淡积云

小知识

淡积云

淡积云是空气对流运动不很强（一般垂直速度不超过 5m/s）时形成的积云，为对流云的初期阶段。淡积云（Cu hum）呈孤立分散的小云块，底部较平，顶部呈圆弧形凸起，像小土包，云体的垂直厚度小于水平宽度，在阳光下呈白色，厚的云块中部有淡影，晴天常见。

在这个阶段，飞机不断加速并维持高度。此刻，云卷云舒，棉花糖般的云团轻盈曼舞地在机翼旁飘来飘去。机翼静静地与我共享美景：每一朵云都仿佛在向我招手，邀请我去探索那无尽的天空。不同的是，我在机舱内，而云在机舱外。那种轻盈与自由会让我莫名想要打开舷窗，与那些柔软的云朵来一场亲密接触，感受一下云的温暖和甘甜，心情开始变得好不淡定。

▲ 看云卷云舒

此时，脑海中浮现出"晴晓初春日，高心望素云，彩光浮玉辇，紫气隐元君"这样的诗句，仿佛有声音在低语："立业成家有佳人，筑功成名扬四海。"沉浸在这般美好幻想中的我正准备进一步遐想时，突然被一位美丽热心的空乘小姐姐的问候打断："请问您需要喝点什么吗？"瞬间，我的思绪从云端被拉回现实。

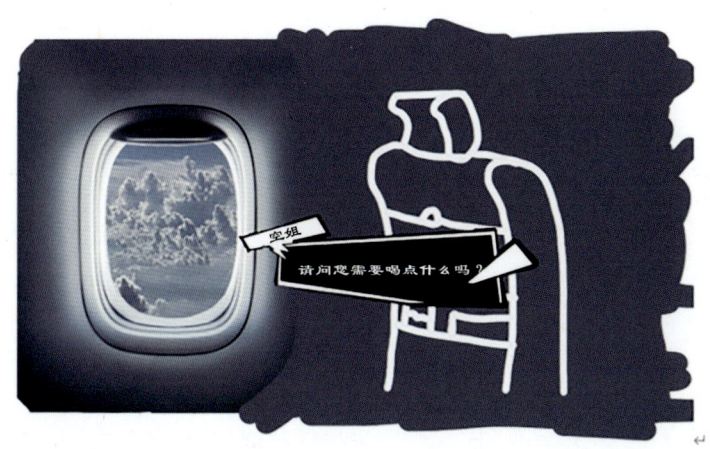

▲ 空姐服务

云揭秘：从天气密码到未来气候

这些如棉花糖般可爱的云团其实是浓积云，这种云对飞行的影响远比淡积云大得多。在浓积云下方或云中飞行，通常会遭遇中度到重度的颠簸，甚至会出现积冰现象，能见度也会显著降低。因此，为确保乘客安全，航空公司一般会禁止飞机在浓积云中飞行。

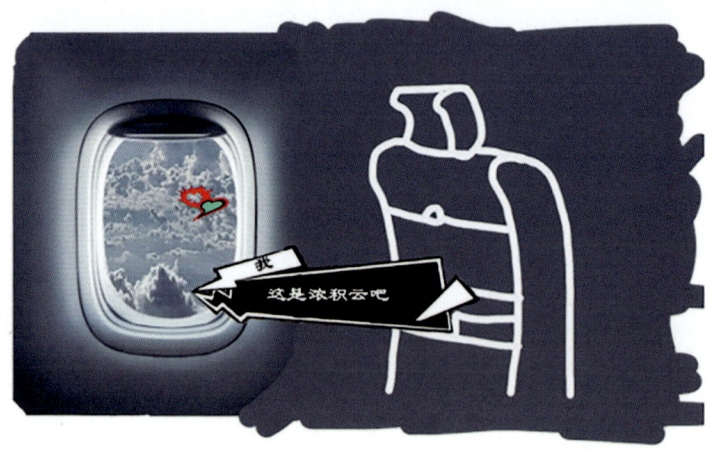

▲ 浓积云

小知识

浓积云

浓积云，一般出现在较低或中等高度范围内，是淡积云向积雨云转变的一个中间阶段。浓积云的云块底部平坦而灰暗，顶部呈重叠的圆弧形凸起，形似花椰菜；在强对流区域内会发生显著的垂直发展，个体臃肿、高耸，在阳光下边缘白而明亮，有时可产生阵性降水。

飞机不断加速，我端着咖啡，品味着苦涩中的细腻，心情好不惬意。

透过舷窗，我又一次目睹了飞机下方的风景：连绵起伏的云朵如棉被般铺展，直至与湛蓝的天空融为一体。这些云朵白白的、软软的、轻轻的，有的像棉花糖，有的像老虎的爪子。云团在阳光下时而飘逸，时而升腾，时而奔涌成海浪，时而连绵成雪山，千奇百怪，形态各异。

▲ 千姿百态的云

眼下大而松散的云块、云片或云条是层积云。在层积云中飞行时，飞机通常比较平稳，偶尔会感受到轻度颠簸。与之前的浓积云的厚重与不稳定相比，层积云带来的飞行体验更为舒适，仿佛在云海中轻轻滑行，悠然自得。

▲ 层积云

云揭秘：从天气密码到未来气候

小知识

层积云

层积云是由结构松散的大云块、大云条(浪轴状)组成的云层，有时排列成行；颜色为灰白色或灰色；云块的视角宽度通常大于5°；主要由空气的波动和乱流混合作用形成，一般由水滴构成，北方和高原地区严寒季节可由水滴、冰晶、雪花构成，厚云可降间歇性小雨雪，南方有时可有较大量降水；根据其形状特征，可分为透光、蔽光、积云性、荚状、堡状等数种。

伴随着耳边飞机发动机持续的嗡鸣，以及高空中气流的剧烈颠簸，飞机在云层中穿进穿出，时隐时现的天空和移动的云层交替出现，身心随着飞机又一次加速并攀升，仿佛自己也在与这份力量共同舞动。透过舷窗，云层像翻腾的海洋，时而涌起波涛，时而平静如镜。

▲ 厚重而阴暗的云层

云趣谈

云层厚重且阴暗,遮天蔽日,能见度异常低,飞机如同《天空之城》里的海盗蜻蜓战机,穿梭在这片风暴的中心。偶尔狂风呼啸,偶尔乌云密布,机长和副驾驶紧张万分,迅速选择绕飞的航线。在这种环境下,任何一点失误都会引发严重的事故,导致前功尽弃,使飞行之路受阻。

这种能见度异常低的雨层云,多出现在暖锋云系中,由于整层雨层云中的潮湿空气不断抬升冷却而成,常常伴随持续性降雨(雪)。长时间在这样的云中飞行,飞机可能会遭遇中度到重度的积冰。而在暖季,云中可能隐藏着积雨云,这给飞行安全带来严重威胁。在这样的云中飞行,飞行员的决策显得尤为重要,这也是对飞行员智慧与勇气的考验。

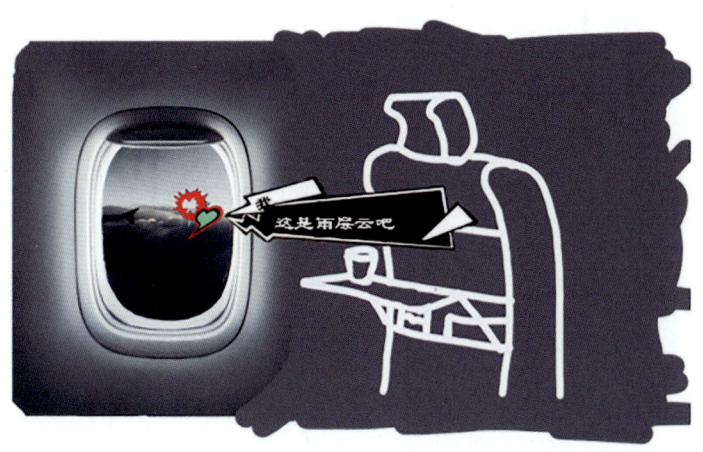

▲ 雨层云

云揭秘：从天气密码到未来气候

> **小知识**
>
> ## 雨层云
>
> 雨层云下部多由小水滴构成，中部由小水滴和冰晶构成，上部则是冰晶区。雨层云多为冰水混合的混合云。云体能完全遮蔽日、月，其颜色呈暗灰色，云底常伴有碎雨云。云层水平分布范围很广，常布满全天。雨层云的垂直厚度一般较大，可达几千米，云底高度为600～2000m。雨层云的下部水滴较少，看起来内部暗淡而均匀地发亮，从云下目测往往会低估雨层云的厚度。

2.中期阶段："天空之城"的第二层

在爬升的中期阶段，飞机需要以最大推力和最大爬升速度冲破厚重的云层，与外界气流及各种干扰因素激烈抗衡。我仿佛也需要冲破平凡的生活，不再被眼前的琐事困扰，不再被烦恼缠绕，寻找新方向，在这颠簸中求得平衡。人生如此短暂，世界如此广阔，我渴望争取更广阔的人生舞台，思考更深远的问题。正如飞行员在驾驶舱中驾驶飞机，坚定不移地直冲云霄，我也要更勇敢地冲破生活的云层，勇敢地追逐自己的理想，去探索未知的领域，让自己的未来更加美好。就在这一瞬间，飞机在强烈的颠簸后终于穿过了云层，来到了"天空之城"的第二层。

云趣谈

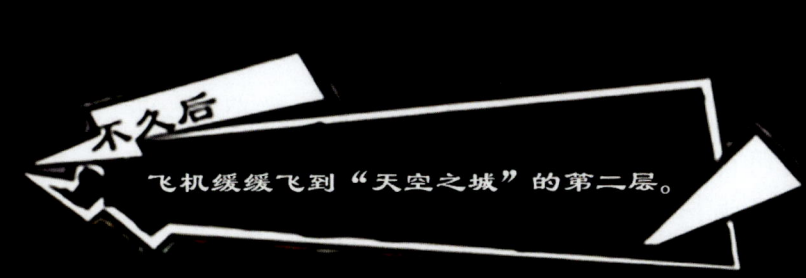

▲ 欢迎来到"天空之城"的第二层

此时,飞机已飞行在距地面4000~7000m的高空,一片广阔的天空展现在我眼前。云层之上,飞机在逐渐加速。我能听到风的呼啸声,能看到更广阔的视野,仿佛置身于一个完全不同的世界,厚如棉被的白云为我铺满

▲ 棉被云

"大道"。"棉被"下方的世界似乎已变得微不足道,而我却能俯瞰一切,心旷神怡,仿佛看到了人生的更多可能性。"欲穷千里目,更上一层楼。"人生何尝不是如此,事业想要更加辉煌,学习和工作也想要更上一层楼。

135

云揭秘：从天气密码到未来气候

这种铺满天空、显得极有秩序感的"棉被"层是高积云。在高积云中飞行通常意味着天气状况较为良好，能给乘客带来相对平稳的体验。尽管如此，我们仍需警惕轻度积冰的出现，特别是在高空中，冰霜会悄然附着在机翼上，影响飞机性能；而在夏季，虽然高积云的景致优美，但也可能伴随轻度到中度的颠簸，这提醒我们在这片宁静的天空中依然存在着不可忽视的挑战。

▲ 高积云

小知识

高积云

高积云主要由中云高度上稳定而湿润的空气发生波动而形成。云体呈块状、片状或球状；云块有时分散孤立，有时聚集成行，有时排列成行，好像田垄或波浪；云块常呈白色或灰色，中部较阴暗；云体各部分的透光程度不同，薄的部分能见日、月轮廓，有时出现华和虹彩现象。薄的高积云稳定少变，一般预示天晴；厚的高积云如继续增厚，有时也有零星降水。其类别有透光、蔽光、积云性、絮状、荚状、堡状等数种。

随着飞机的急速飞行和稳步爬升，窗外的景色逐渐变得模糊，仿佛一切都被厚厚的云朵遮蔽，被隔绝于一个完全不同的世界。尽管飞机在平稳地飞行，我的内心却开始感到枯燥和沉闷，迷茫的情绪涌上心头，仿佛迫不得已想要一拳击碎这层模糊的视线，多么怀念一路飞来的那些景致——那些巍峨的山川、蜿蜒的河流，还有那明净清澈的蔚蓝天空、仿佛童年梦境里轻盈曼舞的棉花云，而那些飘逸升腾、奔涌成海浪的云团则是天空的诗篇。

▲ 高层云初识

这层令人感到枯燥沉闷、干扰视线的云原来是高层云。其云幕的水平覆盖范围非常广，常布满整个天空，仿佛将一切都笼罩在一片灰白之中。在这样的云层中飞行，虽然飞机运行平稳，但潜在风险依然存在，尤其是有可能产生轻度到中度的积冰。

云揭秘：从天气密码到未来气候

▲ 高层云

小知识

高层云

　　高层云云底呈均匀条状，常有条纹结构和纤缕结构，偶尔呈悬球状，分布范围较广，常遮蔽全部天空，颜色为灰白色或灰蓝色。云层较薄时，隔观日、月轮廓模糊，如隔一层磨砂玻璃，为透光高层云；云层较厚时，完全看不到日、月的位置，为蔽光高层云。高层云属锋面云系，可降少量雨雪。

3.终期阶段:"天空之城"的第三层

在爬升终期阶段,飞机收上襟翼,以最大连续推力和最大爬升速度向高空挺进。此时机舱内的噪声因气流影响而变得格外明显,我下意识地发出"唉……"的声音。这种震耳欲聋的轰鸣声,仿佛在提醒着飞机飞行的力量与速度。直到这个银色的庞然大物越过屏障,平稳地巡航于万里高空。我顿时如释重负,心中的紧张感渐渐消散了。啊!已经穿越来到了"天空之城"的第三层。

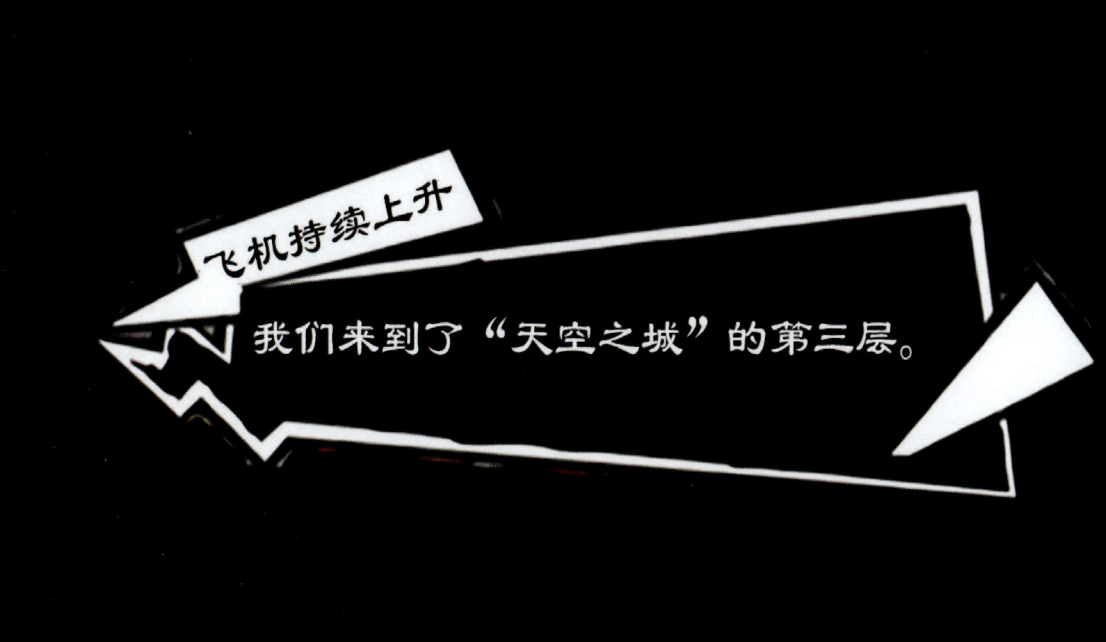

▲ 欢迎来到"天空之城"的第三层

云揭秘：从天气密码到未来气候

此时，飞机已达最大飞行高度，透过舷窗，眼前的景象让人心旷神怡。云层之上，一片清心寡欲、恬静安详的氛围。俯瞰云层之下，景色如同一幅不断变换的画卷：一会儿是一望无际的雪原，一会儿又是一座巍峨矗立的雪山；一会儿是雪山连绵、悬崖林立，一会儿又是雪峰千里、冰河晶莹剔透；一会儿是成片的蘑菇云团，一会儿又是大片的珊瑚林……正如苏轼所云"横看成岭侧成峰，远近高低各不同"，同一事物，在不同的角度和时刻，展现出不同面貌，仁者见仁，智者见智。

▲ 卷层云初识

这种飘在云层之上的薄丝，正是卷层云。它们呈现乳白色的云幕，常布满全天，云幕薄而均匀，透过这层云幕，依稀可以看到日、月的轮廓，在日、月的外围，经常出现内红外紫的彩色晕圈，这些晕圈在阳光的照射下，展现着大自然独特的气质。

云趣谈

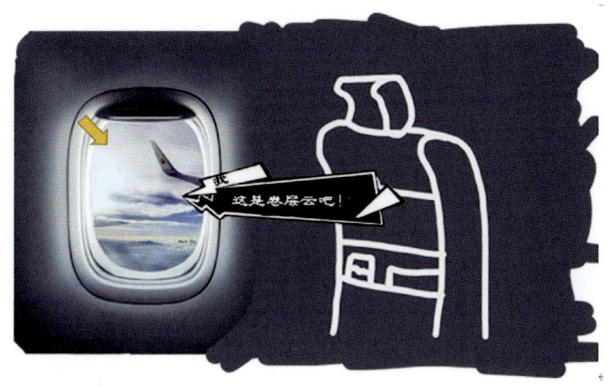

▲ 卷层云

小知识

卷层云

透过云层的日月轮廓清楚，常有晕的现象，其高度和厚度与卷云相近。云加厚并降低时预示天气将发生变化；若无明显发展或云量减少，则未来天气不会有显著变化。大家看，那白色透明的云幕，日、月透过云幕时轮廓分明，地物有影，常有晕环。有时云的结构薄得几乎看不出来，只使天空呈乳白色；有时丝缕结构隐约可辨，好像乱丝一般。

突然，高空气流开始变化，颠簸让人感受到飞行的不平稳。环视蔚蓝的天空，云的形态简洁；俯视苍茫的云海，迷茫无际。这样的对比让人不禁深思：人生何尝不是如此！所处的境界不同，窗外的风景也不同。人的眼界往往是由其所处的境界决定的。境界决定眼界，眼界决定层次，眼界宽则觉悟高，觉悟高则境界高。眼界又会影响思维，思维还会影响格局，格局最终决定人生的走向。而在当今社会，许多人身陷"内卷"，与卷云的轻盈相比，"内卷"则显得更加沉重和疲惫，这值得思考。

云揭秘：从天气密码到未来气候

▲ 卷云初识

这种飘逸于蔚蓝天幕的高空冰晶云是卷云，其丝缕状结构和丝绸光泽源于风场对冰晶的拉伸与阳光的镜面反射。在日出日落时分，卷云因瑞利散射常染上暖调的金红色霞光，成为天空中最诗意的画卷。飞机巡航时穿越卷云通常平稳，但若飞行于卷云密集区（尤其是急流附近），可能遭遇伴生的晴空湍流，引发轻度颠簸。此时，乘客感受到的颠簸并非来自云体，而是高空风切变引发的不稳定气流。

▲ 卷云

小知识

卷 云

卷云有时产生在能生成云的最高高度上,云底一般在4500~10 000m。它由高空的细小冰晶组成,因冰晶比较稀疏,故卷云比较薄而透光性良好,色泽洁白并具有冰晶的光泽。卷云按外形、结构等特征,分为毛卷云和钩卷云、伪卷云、密卷云4类。卷云位于对流层的中上层和平流层的下层,在全球能量平衡、辐射收支和天气等变化中起着重要作用。

◎ 下降

在飞机上,除了观云看天,海洋的壮丽景色同样令人陶醉。此刻,天气晴朗,飞机正缓缓下降至海岸上空,远处的暗礁和岛屿尽收眼底。这些暗礁和岛屿,实际上是被海水淹没或即将被淹没的"山尖",淹没入海水中的部分,因深度的不同而呈现出各自独特的色彩,时而是深邃的蓝,时而是清澈的碧,仿佛是海洋调色盘中的珍贵色彩;那些露出的"山尖",则被一圈圈的白浪包围,远看犹如一条白色的绸带,系在暗礁之上,形成一道美丽的海岸带。

云揭秘：从天气密码到未来气候

▲ 山海俯视剪影

◎ 着陆

"亲爱的旅客朋友们，我们已经安全飞抵目的地。感谢您乘坐中国航空的班机旅行，祝您一路平安，谢谢。"当广播声响起，天空澄碧，纤云不染，远山含黛，和风送暖，心中不禁涌起一阵温暖。飞机安全降落后，心灵在这一刻也得以彻底安宁。然而，降落后的景象却让人感到忧虑，目之所及，许多地方都在遭受污染与破坏。保护环境人人有责，爱护自然环境，拥抱碧海蓝天，千里之行始于足下，从我做起！

云趣谈

云游四海

现在,读者朋友们是否能辨识生活中和旅途中每一次驻足时天空中的云了呢?

你看到的云是什么样的?是"白云升远岫,摇曳入晴空",还是"明月出天山,苍茫云海间",又或者是"瀚海阑干百丈冰,愁云惨淡万里凝"?在此,我们收集了20多张来自全国各地的云照片,并附注了其中的科学知识,邀请大家一起化身为云,开启云游四海之旅。

◎ 华南——四季光景,流云奔涌

这张照片摄于1月份的深圳莲花山。此时,高空中卷积云汇聚成片,顺着邓小平铜像所在方向一路向南。此时天气不错,拍出来照片也显得画面内涵丰富。卷积云的出现也可能预示着之后天气系统变化丰富。

▲ 卷积云(容一力 摄于深圳莲花山)

145

云揭秘：从天气密码到未来气候

▲ 高层云（杨睿 摄于汕尾）

在 4 月份的汕尾海滨，天空灰蒙蒙的一片，海边湿度高，水汽含量大，能见度低。但是仔细分辨，可以看出空中覆盖着的应该是高层云。海滩上游人如织，海上有帆船巡游，看来多云天气并不一定意味着即将降雨。

▲ 层积云（赵滢 摄于珠海）

7 月份的珠海海滨，一片层积云低垂在大海上空。云底的深黑色颇有一种山雨欲来之感。当然，也有可能"雨随云走"，云下大雨倾盆，周边其他地方却晴朗无雨。夏季这种阵雨现象并不鲜见。

云趣谈

▲ 积云、卷云（蒋天玉　摄于香港）

　　这张照片摄于10月份的中国香港海滨。此时的香港风高气爽，空中飘浮有积云、卷云。或许是因颗粒大小不同而导致光线散射状况不同，有的云呈现灰色，更多的呈现白色。

云揭秘：从天气密码到未来气候

◎ 华东——山清水秀，变化多端

▲ 风雨欲来（容一力　摄于上海）

在6月28日的上海，壮观繁华的上海外滩在更加壮观的陆家嘴摩天大厦群面前显得毫不起眼。画面中间，苏州河缓缓流入黄浦江。画面远处，壮美的晚霞穿透层积云，照耀着繁华富饶的上海城。随后层积云密布，发展成积雨云，在午夜时分下起雨来。

▼ 卷云（熊子钦　摄于西湖）

云趣谈

▲ 卷层云向卷积云转变（蒋天玉　摄于杭州）

  这张照片摄于11月份的杭州。空中的云处于从卷层云向卷积云转变的过程中。一片片云朵犹如一片片细小的鸭绒絮，美丽而可爱。云层呈平行分布，中间有相对明显的分界线。

  这一系列照片摄于9月份的西湖。远处夕阳西下，一阵尚有余温的冷锋袭来，在天空中形成了朵朵云彩。傍晚的卷云如薄纱般笼罩着深蓝色的天空，如丝线一般沿一个方向延伸，平行分布。齐整的冷锋云系随时间的推移一步步向西湖靠近，又一步步悄悄地离去，逐渐消散。

云揭秘：从天气密码到未来气候

▲ 高积云（刘瑞翔 摄于南京）

　　这张照片摄于10月份的南京。入秋后，南京的气温没有夏日那么高，湿度也有所下降。在中午11点阳光的照射下，远处天边悬挂着一簇簇透光高积云，云朵在池中水面的倒影风光旖旎，似乎触手可及。

云趣谈

◎ 华北东北——山海之上看云海

▲ 丰富多彩的云（钱圣　摄于日照）

　　5月份，晚春即将结束，初夏已经悄悄临近，海面上水汽弥漫，雨过天晴后，云的种类也变得丰富多样。低处是层云，再往上是卷层云、卷云。空中密布的云遮住了阳光，也留存了春天的一丝凉意。

▲ 夕阳下的云（陈志昂　摄于营口）

　　8月份的东北，气候宜人。在营口的鲅鱼圈，夕阳西下，渤海湾上人群聚集，享受着落日的余晖与海滩的惬意。抬头仰望，空中的云在夕阳的映照下格外耀眼。层积云逐渐消散，向积云转变，像波浪一般一直延伸到海平面的另一头。

151

云揭秘：从天气密码到未来气候

▲ 高层云（杨睿 摄于嵩山）

　　作为"五岳"之一，嵩山挺拔壮丽。盛夏的8月正值旅游旺季。站在山腰上仰望，感觉已经身处一片云雾之中，四周一片朦胧。透过水雾望去是几大片的高层云，云的边界十分平整，就好像被刀切过一样。

云趣谈

◎ 西北——雄浑壮阔，美不胜收

这张照片摄于7月份的敦煌。"大漠孤烟直，长河落日圆。"风景独特的沙漠，还有格外湛蓝的天空，让这里的景观和其他地方都不相同。高积云的存在让天空增添了些许色彩，给人一种清爽的感觉。沙丘绵延不绝，伫立远望，沙丘好像与远处的天空融为一体。

▲ 高积云（廖崇霖 摄于敦煌）

▲ 卷云（钱圣 摄于张掖）

这张照片摄于10月份的甘肃张掖。张掖的七彩丹霞地貌吸引了全国各地大量的游客，而在如此壮美地貌之上的是一缕缕在高空中飘荡的卷云，好似为这独特的地貌披上了一层薄薄的纱衣。

云揭秘：从天气密码到未来气候

◎ 高原——扶摇而上，耸入云霄

▲ 云（彭宇 摄于横断山中段）

在7月份的横断山脉中段，阳光在无云的天空中显得格外耀眼，平行望去，一簇簇积云由于地形抬升停在山峰的顶端。抬头仰望，更高的地方是卷云和卷层云，它们映衬着大好的山光水色。

"半亩方塘一鉴开，天光云影共徘徊。"翡翠湖远不止半亩，其湖面像一面大镜子。在荒原上，高积云和层积云共同占据了这片纯粹的天空。

▲ 高积云和层积云（廖崇霖 摄于翡翠湖）

云趣谈

▲ 雨过天晴的夏日（钱圣 摄于香格里拉）

　　香格里拉位于横断山区的一个高山盆地，夏季印度洋的季风甚至可以沿着横断山的河谷长驱直入该地。受地形和地理位置的影响，该地的天气变化极为迅速且频繁。

　　雨刚停不久，从照片上看，刚刚的雨很可能是高层云带来的。随着时间的推移，空中的高层云逐渐散开，天空中央以卷云为主，四周仍有高云，而低云只在山顶附近发育，这应该是受到地形的影响。

云揭秘：从天气密码到未来气候

◎ 西南——云谲波诡，天府之国

◀ 高积云（杨睿　摄于成都）

　　这张照片摄于6月份的成都国际金融中心。不知道图中这只地标性的"熊猫"是不是也想到高积云上去玩呢？透光高积云由高空中的过冷水滴和冰晶构成，此处的云正在继续密集发育，逐渐成层，一天之后成都就下了一场小雨。

▲ 毛卷云（毕晓语　摄于昆明）

云趣谈

▲ 毛卷云（毕晓语　摄于昆明）

　　傍晚时分，日光在毛卷云中发生散射，呈现出绚丽的色彩。这种云由高空的冰晶构成。图片中的毛卷云并非孤零零地散乱分布在天空中，而是呈现出明显有来向的态势。结合拍摄的时间是昆明的初夏，我们几乎可以确定这是暖锋锋前的毛卷云。它是由来自印度洋的暖湿空气沿锋面爬升过程中逐步凝结而成的，由于高空水汽含量少、气温低，无法形成整片厚云层，就只能生成如此稀薄透亮的毛卷云，为6月的昆明增添了一抹亮色。

云揭秘：从天气密码到未来气候

▲ 云（曹乐慈　摄于普者黑）

  此图为友人于 8 月份拍摄的普者黑，刚好记录了一次暖锋的云系变化。左图中最右侧的是卷云，往左是卷层云，深色的部分是高层云，最左侧的是雨层云。随着暖锋的推进，雨层云占据了视野（右上），右下是局部降雨景观。

◎ 在云端——云海遨游，俯瞰神州

▲ 壮观的对流云体（杨睿 摄）

▲ 不同高度的云（杨睿 摄）

　　最左侧的是堡状云，中间的是垂直发展的积雨云。它们都是由较为强烈的对流活动生成的，也预示着雷雨天气。这朵柱状的云，云底在低云族的高度，但是随着对流活动的持续，它的云顶可以发展到高云族的高度。

　　在飞机上升和下降的过程中，有时我们可以幸运地观察到不同云族的垂直结构。这种直观的高低关系很难在地面上被观测到。在这张照片中，层云在最低的位置，距离飞机的高度较远，与飞机相同高度的云层中有一两缕是高云，而在飞机上方的则是最高的卷云。

◎ 云的地理分布与季节性变化

　　云的地理分布及其季节变化是气候研究的重要领域，涉及云的形成机制、类型划分、空间分布及其对气候系统的反馈作用，尤其在响应气候变化和极端天气事件时的表现。

云揭秘：从天气密码到未来气候

1. 全球尺度规律

纬度差异：赤道附近热带地区云层通常深厚，以积云和雷暴云为主，降水频繁，垂直发展旺盛；中纬度地区云类多样，主要包括层云、积云和锋面云，受季风和气旋的影响，季节变化显著；极地地区云层稀薄，以高层云和层云为主，降水量较少，海冰消长与极涡活动制约着云的生成。

地形影响：潮湿气流遇山脉抬升，在迎风坡触发地形云并形成降水，背风坡则常出现"云影区"，显著影响云的分布与类型；海洋区域云层通常较为稳定，层云多见，而陆地区域则易因热对流作用促进积云发展。

云类型的季节性变化：春季气温回升，积云和雷暴云增多，降水事件趋于频繁；夏季热对流强盛，大量积云和对流云形成，雷暴、龙卷风等极端天气频发；秋季气温逐渐下降，云层趋于稳定，层云和雾霾现象增多；冬季云层变薄，高层云和层云常见，降水形式多为雪或冰霜，气候相对干燥。

2. 中国区域典型分异

中国总云量的空间分布呈"东南多，西北少"的格局，存在显著的区域差异。东海、黄海受黑潮暖流与季风辐合影响为高云量海域；长江以南（尤以武夷山、南岭山地为甚），因夏季风持续输送暖湿气流成为高云量陆域；华北平原、内蒙古高原等北方大部分地区，受大

云研究的前沿科学问题与挑战

陆高压控制,水汽通量相对不足,属于低云量区;而在塔里木盆地、阿拉善高原等西北内陆干旱地区,水汽通量更少,年云量不足30%。

3.小结

当前,深度学习技术已被应用于云图像的自动化分类、特征提取和变化检测领域,这些方法能够有效提高云状、云量、云底高度观测的效率和精确性。例如,卷积神经网络(convolutional neural network, CNN)被用于云分类和云物理特征识别。机器学习算法(如支持向量机、随机森林等)可以处理复杂的数据集和模式识别任务,从而提高云底高度的估计精度。然而,云的变化十分复杂,要深入认识云的机理和变化,我们需要更精细、多元的观测数据和发展数值模型等。

云研究的前沿科学问题与挑战

　　云研究是一项复杂且具有挑战性的科学任务,这主要源于云的多样性、动态性及其与气候系统的复杂相互作用。云的形成、演变及其对气候的反馈机制,均涉及微观物理过程与宏观气象现象的交互作用。不同类型的云在不同的气象条件下可展现出截然不同的特性,这使得对其行为的预测变得异常困难。此外,测量云的物理特性及其变化也面临技术上的挑战,尤其是在高分辨率和实时监测方面。尽管存在挑战,近年来在云的观测、机理、数值模拟等方面的研究进展显著。

云揭秘：从天气密码到未来气候

云观测技术的进步

云的观测需要宏观特征与微观特征的数据突破。云的宏观特征包括云量、云顶高度、云底高度、云顶温度、云底温度、云几何厚度和云光学厚度等。云的微观特征包括云相态、云水含量、云粒子谱分布、云滴数浓度、冰晶形状、冰水含量、云滴有效半径等。高分辨率卫星遥感、激光雷达和原位测量仪器等技术的发展，为研究云的宏观和微观特性及其与气候系统的相互作用提供了关键支撑。

◎ 高分辨率卫星遥感：太空中的"千里眼"

新一代静止卫星（如GOES-R、Himawari-8、我国的风云系列卫星）具备针对特定目标区域进行近实时观测的能力，使科学家能够及时监测云覆盖范围、类型及其动态变化。这些卫星搭载的多光谱传感器可在不同波段捕捉云的反射和辐射特性，为研究提供了丰富的数据支持。高分辨率卫星遥感能有效监测云的宏观变化，例如：美国国家航空航天局(NASA)2024年发射的PACE（plankton, aerosol, cloud, ocean ecosystem）卫星，其搭载的OCI（ocean color instrument）可在340～2260nm范围内实现连续5nm分辨率的光谱成像，显著提升了对过冷水滴与冰晶云的区分能力。

◎ 激光雷达：穿透云层的"三维扫描仪"

激光雷达是一种高精度主动遥感工具，通过发射激光束并分析其回波信号，可获取云的高分辨率三维结构信息（包括云高、云厚及内部结构等）。近年来发展的多波长激光雷达，增强了对不同类型云的区分能力。多普勒激光雷达通过气溶胶后向散射信号反演垂直风速，可揭示积云上升气流速度谱，为参数化方案提供关键验证数据。偏振激光雷达则能有效区分球形（水滴）与非球形（冰晶）粒子。激光雷达的三维观测优势使其在精确分析云的生命周期、深入理解云层对空气质量与污染物扩散的影响、监测云层对地球辐射平衡的贡献、提升对云在气候系统中作用的认知中起到重要作用。

◎ 原位测量：云微物理研究的"黄金标准"

原位测量是指在云或雾所在的特定空间位置直接获取云雾的物理特性数据的方法。相较于卫星和雷达遥感的宏观观测，原位测量（如使用云滴谱仪、云滴成像仪等设备）能够直接获取云滴的大小、数浓度及组成等微观信息，提供高精度数据以深入理解云的微观结构和动态过程，堪称云微物理研究的"黄金标准"——如同将显微镜伸入云中捕获最真实的微物理细节。然而,该技术也面临"观测者悖论"的挑战,即测量工具本身可能干扰并改变云的真实状态。例如,飞机螺旋桨扰动气流可能导致测量区域的云滴蒸发。

◎ 受控实验:云室模拟技术

云室通过精确控制温度、湿度、气压、气溶胶条件,在实验室环境中模拟云滴生成、冰核活化及粒子增长等微观过程,突破自然观测的时空限制。量化不同类型气溶胶(如黑碳气溶胶、生物气溶胶)的云凝结核或冰核活性,揭示其对云滴/冰晶形成的触发阈值;直接观测云滴碰撞-碰并效率[1]、冰晶凝华/撞冻速率等关键参数,为改进微物理模型提供实证依据;大型云室可结合激光光谱与高速成像技术,实现微秒级相变过程的动态捕捉,推动过冷云降水机制等难题的突破。

当前,融合卫星遥感、气象站观测及气候模型数据,是提高云量观测准确性及时效性的关键途径。通过将多源观测数据与数值天气预报模型相结合,并应用先进的数据同化技术或机器学习技术,可显著提升对云状、云量、云底高度的预测精度。这种方法能有效降低观测不确定性,提供更可靠的云信息,进而用于分析云量长期变化与气候趋势的关联、探究云-气候相互作用、改进极端天气事件预测、评估云量变化与环境变迁(如城市化、土地利用变化)之间的关系。

---

[1] 云滴碰撞-碰并效率:在特定云环境下,两个大小不同的水滴相遇时,实际成功合并为更大水滴的概率。

云的机理研究

深入揭示云的形成、演变及其对天气和气候的影响机制，是云物理研究的核心目标。云的演变过程极其复杂，其机理研究涵盖微观尺度上的云滴/冰晶生成、增长、碰并及降水过程等微观机制，特别是在不同气象条件下动态过程的精细化理解，是当前云物理研究的前沿与挑战。

◎ 云微物理过程的精细化理解

不同气象条件（温度、湿度、风场、气溶胶背景等）下云物理过程的复杂动态研究主要包括：探究不同类型气溶胶作为云凝结核，如何影响云滴的初始形成及其数量-尺度分布，理解气溶胶的大小、化学成分和混合状态如何影响其吸湿性和成核能力；研究不同环境条件下云滴/冰晶碰撞、碰并过程的增长机制，并改进强对流云与层云中的碰并效率与概率模型。需要进一步研究湍流、电场和液态水含量等因素对碰撞合并过程的影响；深入探究降水形成机制，包括云内冰核化（均质/非均质核化）、冰晶增长与沉降过程，以及不同云层中的降水特征。特别是要关注生物气溶胶作为冰核的作用，以及它们对混合相云和降水的影响。

然而，当前云滴碰撞-碰并效率[①]、冰核化速率等关键参数仍依赖于理论假设，未来需进一步结合大型云室受控实验（如模拟强对流/层云环境）以及外场观测进行直接量化研究。

◎ 气溶胶-云相互作用

气溶胶与云的相互作用（aerosol-cloud interaction, ACI)是气候变化和天气预测研究中的核心课题。气溶胶作为大气中的悬浮微粒，对云的形成、生命周期和降水效率具有显著影响。气溶胶浓度升高可导致云滴数增多、有效半径减小，增强云反照率；云滴尺度减小会抑制碰并过程，延缓暖雨形成，延长云的生命周期；吸收性气溶胶（如黑碳气溶胶）加热云层，可能引发云滴蒸发，从而减少地表降水；部分气溶胶（如硫酸盐气溶胶）通过增强云顶冷却，促进对流发展；高活化阈值[②]气溶胶（如沙尘气溶胶）促进积云发展，而低阈值气溶胶（如海盐气溶胶）利于层云维持；气溶胶混合状态改变云内上升气流，诱发层云-积云转化，重塑降水格局。然而，ACI的整体响应却是复杂的，受多种因素的影响，包括气象背景和动力学过程等，需要综合使用卫星数据和先进的模型，才能更好地理解气溶胶与云之间的动态关系。

---

①冰核化速率：在单位时间、单位体积内，通过冰核作用成功形成冰晶的数量。
②高活化阈值：某种物理过程（如云滴活化、对流触发、降水形成等）或机制需要环境条件（如温度、湿度、能量、气溶胶浓度等）达到或超过某一较高临界值时，才能被触发或持续维持。这一阈值通常高于其他类似过程或理论最小值，反映了该过程对环境条件的严格依赖性。

云研究的前沿科学问题与挑战

云研究对气候模型的重要性

云在气候系统中扮演着核心角色，其对地球辐射强迫、气候反馈机制以及全球和区域降水格局均产生深远影响。准确表征云过程是提升气候模型模拟和预测能力的关键。

◎ 云的参数化方案与高分辨率模拟

在气候和数值天气预报模型中，发展更完善的云微物理和云宏观结构的参数化方案是提升云过程模拟精度的核心挑战。云过程跨越了从微米尺度的粒子相互作用到全球尺度的气候反馈，其复杂性远超模型网格分辨率，必须通过参数化方案来表达。高分辨率模拟是改进参数化方案验证与应用的重要途径。

云揭秘：从天气密码到未来气候

许多重要天气现象，如雷暴、微气候、局地降水等，其云的微物理过程和形成机制在小尺度上极为复杂，而高分辨率模型能够更精确地模拟这些过程；模型可精确捕捉地形抬升、边界层湍流、局地环流等触发云形成的关键要素，显著改善云微物理过程的动力学表征。

深度学习神经网络已被发现在替代或辅助传统云物理参数化方案方面具有潜力，可在保持预测精度的同时降低计算成本，为突破气候模型中云的模拟难题提供新的可能性。未来，需发展跨尺度耦合，发展更完善的参数化方案，以衔接高分辨率模拟的微尺度过程与全球气候尺度的辐射反馈。

◎ 云的气候反馈机制

云在地球气候系统中扮演着复杂的双重角色，一方面反射太阳辐射，另一方面吸收和再发射长波辐射，其自身也受到气候变化的影响。理解云-气候反馈是预测未来气候变化的核心，云通过参与水循环影响辐射收支，高层云（以冰晶为主）温室效应显著，低层云（以水滴为主）主要增加行星反照率，同时通过降水调节地表水分含量。在全球变暖的背景下，云的反馈存在巨大的不确定性。例如，低云减少可能加剧变暖（引起正反馈），而高云增加可能部分抵消变暖（可能引起负反馈）；在不同气候强迫情景（温室气体增加、极端事件频发等）下，云的特性

（覆盖、高度、光学厚度等）可能发生系统性变化；利用卫星和地基观测数据，持续验证并提高气候模型中云反馈过程的模拟精度至关重要。

◎ 云-降水相互作用

云的形成、发展和消散直接决定了降水的发生、强度与分布。在气候模型中，云的参数化方案决定了降水如何被模拟。由于气候变化预计将改变云和降水的格局，精确模拟云-降水过程对可靠的气候预测具有决定性意义。此外，云的分布和类型与暴雨、干旱、热浪等极端事件紧密关联。深入理解云的行为，有助于气候模型更准确地预测这些极端事件的发生频率和强度。热浪天气中，云的存在显著地调节着地表辐射收支与气温：云层可阻挡太阳辐射，抑制白天地表升温。暴风雪通常源于暖湿空气与冷空气交汇，云的物理过程（如雪晶的生成、聚合与沉降）对降雪强度和积雪形成至关重要；在强降水事件中，云微物理过程（尤其是冰相过程，如冰核活化、冰晶增长与霰的形成等）常起决定性作用。

云研究的应用与挑战

◎ 人工影响天气的科学评估

人工影响天气，特别是针对云的人工干预（如云催化/播撒），旨在通过科学手段（例如向云中引入凝结核或冰核）实现增强降水、缓解干旱、抑制冰雹等目标。然而，其实际效果及其对环境和气候的潜在影响，仍是科学界复杂且存有争议的议题。

研究表明，在特定条件下进行播撒，可能提高降水效率，但增加的降水量可能影响（尤其是干旱/半干旱地区的）局地生态系统平衡、动植物栖息地与生物多样性，可能导致区域水资源再分配，并可能改变局地的温湿度分布特征，更重要的是，通过改变云的特性和降水格局，人工干预可能对天气系统本身产生难以预测的反馈效应。当前最棘手的难题是如何在复杂气候系统中精准区分人工降雨效果与自然降雨波动。因此，科学、严格的效果评估也是当前面临的主要难题之一。

◎ 云地球工程

云地球工程（cloud geoengineering）的核心在于通过人为干预云层的物理特性，以增强其对太阳辐射的反射能力，从而缓解温室气体增加所导致的全球变暖。其科学基础主要建立在ACI以及对云层覆盖度和生命周期的调控之上。海洋云增亮（marine cloud brightening, MCB）和卷云变薄（cirrus cloud thinning, CTT）是两种具有代表性的技术路径。

1. MCB：为云层"刷反光漆"

向低空海洋层积云喷洒海盐纳米颗粒（例如通过船舶或无人机喷射海水雾化后的盐粒），这些颗粒作为云凝结核，增加了云中水滴的数量并缩小了水滴的体积。由于小水滴比大水滴具有更强的阳光反射能力（即Twomey效应），这如同为云层刷上了一层反光漆，从而将更多的阳光反射回太空。例如，在火山喷发后，气溶胶的增加曾使云量提升高达50%，导致区域降温幅度达到$-10W/m^2$，抵消了二氧化碳浓度倍增产生的变暖效应。

2.CTT：揭开地球的"保温毯"

卷云是稀薄的高空冰晶云，它们像一层"保温毯"一样阻挡着地表热量的散失。CTT技术通过向卷云播撒消冰核剂（例如碘化银），促使冰晶增大并加速沉降，从而减少云层的厚度，使得更多的热量能够逃逸到太空。理论模拟显示，CTT技术可以在一定程度上抵消温室效应，但其效果高度依赖于卷云的性质和地理位置。目前，对冰晶生长速度的精确控制仍然是一个挑战，相关的研究主要集中在实验室和气候模型中，尚未进行大规模的户外试验。不当的操作可能会加剧平流层的变暖或破坏臭氧层。

3.小结

云地球工程可以被视为一种短期的气候"止痛药"，但不能替代根本的减排措施。如果要在现实中应用云地球工程技术，需要深化对气溶胶-云微物理过程的研究，并结合全球模拟和严格的监管，谨慎地推进小规模测试，从而为能源转型争取时间。

◎ 挑战与展望

气候变化下的云演变正深刻地重塑全球气候格局。云量、类型和高度的长期变化不仅会改变局部地区的水热分布，还可能通过影响太阳辐射反射和地表热量传递，进一步加剧或缓解全球变暖。尽管气候模型不断完善，但云的复杂物理特性——尤其是其在不同环境中的动态行为，以及从微观水滴到宏观气候效应的跨尺度关联——仍是精准预测的挑战，导致气候预估存在显著不确定性。

　　未来突破方向需融合多学科力量，通过整合卫星、雷达及新型传感设备的观测网络，构建更完整的云动态图谱；结合数据同化以及物理约束的人工智能算法，提升云过程的模拟能力；最终为应对极端天气频发、水资源短缺等挑战提供科学支撑。深化对云的理解不仅是气象学的核心任务，更是人类社会适应气候变化的关键基石。

云揭秘：从天气密码到未来气候

后记：云梯之上

在书稿付梓之际，回望这段"追云"的旅程，深感科普创作如同架设一座云梯——一端连接着深邃严谨的科学殿堂，另一端则伸向充满好奇与求知欲的年轻心灵。本书的诞生，正是南方科技大学教学改革沃土上结出的创新果实，是大学课堂知识向更广阔天地播撒的一次生动实践。

将《大气科学导论》中高深的概念，转化为中小学生也能会心领会的趣谈；将气象卫星、数值模式背后的原理，融入对一朵积云、一片层云的直观识别中；将气候变化的宏大命题，落脚于一次降雨、一阵清风对生活的具体影响……其中的挑战与乐趣，唯有亲历者方能深刻体会。我们秉承严谨态度，对每一幅云图、每一条谚语的解读都力求准确；我们追求趣味，希望那些动漫形象和诗词歌赋能成为吸引读者驻足探索的桥梁；我们更珍视那份由观察引发的思考——对自然规律的敬畏，对生态和谐的追求。

当下，人类正共同面对着前所未有的环境挑战。IPCC最新报告为我们描绘了更加清晰的图景：人类活动（特别是化石燃料燃烧和土地利用变化）导致的大气、海洋和陆地变暖已成定局，整个地球系统——大气、海洋、冰冻圈和生物圈——正在发生广泛而快速的变化。其后果是更频繁、更强烈的热浪、风暴、洪水、干旱、野火等极端天气

后记：云梯之上

事件。人类正面临水资源短缺、粮食减产、自然灾害加剧、疾病传播风险增加、海岸被淹没、贫困加剧等一系列严峻风险。在此背景下，理解云如何响应并反馈于气候系统变得前所未有的重要。

因此，《云揭秘：从天气密码到未来气候》的初衷，远不止教会读者识别卷云、积云或层云。我们试图以身边变幻的云图为起点，深入浅出地科普云的形成机制、云与天气的紧密联系、极端天气现象背后的云系特征以及海洋与云之间复杂而精妙的相互作用。其核心目标，正是希望激发公众——尤其是肩负未来的年轻一代——对大气科学原理的兴趣，引导他们深刻理解云作为气候系统关键环节的重要反馈作用，从而提升全社会对气候变化这一核心议题的关注度、认知水平和行动意愿。

本书的诞生，是集体智慧与力量的结晶。我们参考了众多论文、图书、网络资源以及同事们无私分享的资料。从构思、编写到最终出版，本书得益于南方科技大学强大的科研平台、锐意创新的教学改革项目、图书馆丰厚的电子资源数据库，以及各级领导和广大同行的大力支持。正是依靠这种团结协作的精神、真诚的援助和扎实的资料基础，才最终确保了《云揭秘：从天气密码到未来气候》一书的完稿。

深深感谢我的学生们，你们的好奇心和求知欲让我感受到了教育的真正意义。特别感谢参与"基于兴趣激发和教研结合的海洋专业大气科学导论课程教学改革"项目的学生们，你们提供了精彩的云图照片和创意。感谢南科大海洋大气科学中心全体成员对本书文稿所做的细致校稿工作。同时，特别感谢为本书出版提供大力帮助的中国地质大学出版社，以及所有未能在此一一提及但同样给予我们宝贵支持的同志，在此一并致以最诚挚的谢意。

  最后，由衷地感谢每一位翻开本书的读者。你们的阅读、思考与传播，使得关于云、关于气候、关于我们与这颗星球未来的对话得以延续和深化。希望这本书不仅能帮助您读懂天空的表情，更能引发您对地球大气未来命运的深切关怀。愿每一位读者都能在浩瀚的云图中，找到属于自己的那份启迪与责任。让我们携手努力，从理解天空开始，共同守护一个可持续发展的未来，为子孙后代构筑一座真正的、生机勃勃的"天空之城"！此刻，我也想将这本书献给我的女儿怡然。愿你如云般自由舒展，以好奇心为风，在探索世界的旅途中永远保有仰望"天空之城"的诗意与追问真理的勇气，更愿你与伙伴们一同珍爱守护它！

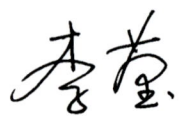

2025年4月

主要参考文献

本刊综合，2021. 北方沙尘来袭，一探背后究竟[J]. 发明与创新(大科技)(4)：57.

毕敬，2024. 云降水物理和人工影响天气对农作物种植的作用[J]. 河北农业(2)：70-71.

卜钰，陈丽红，2024. 追云逐雨一甲子问天取水探路人[N]. 中国气象报，2024-07-18(4).

曹樱馨，2023. 基于GEE云平台的中国云量时空分布特征研究[D]. 阜新：辽宁工程技术大学.

巢清尘，2024. 应对气候变化携手"碳"索未来[J]. 知识就是力量(3)：4-5.

戴云伟，史学丽，2023. 观云识天[J]. 知识就是力量(3)：74-75.

方明，张利箭，2023. 一种基于决策融合策略的全天空地基云图云量估计方法[J]. 太阳能学报，44(10)：245-254.

国家海洋信息中心，2024. 中国气候变化海洋蓝皮书（2023）[M]. 北京：科学出版社.

加文·普雷特-平尼，2022. 一天一朵云[M]. 王燕平，张超，译.北京：北京时代华文书局.

加文·普雷特-平尼，2018. 云彩收集者手册[M]. 王燕平，张超，译.南京：译林出版社.

贾永辉，张雪，杨梅兰，等，2013. 浅议雷暴与积雨云的观测[J]. 现代农业(7)：109.

姜世中，2010. 气象学与气候学[M]. 北京：科学出版社.

理查德·哈姆林，2021. 观云识天[M]. 王燕平，张超，译. 北京：北京科学技术出版社.

刘聪，陈仁杰，阚海东，2023. "双碳"背景下的空气污染和气候变化流行病学研究进展与展望[J]. 中华流行病学杂志，44(3)：353-359.

龙俊霖，周毓荃，陶玥，2024. 一次强对流风暴过程的人工防雹作业雷达回波演变特性分析[J]. 大气科学，48(4)：1531-1548.

莫欣岳，李欢，张镭，2017. 全球气候变化背景下气溶胶和云相互作用研究愈发重要[J]. 科技导报，35(20)：135-136.

郄秀书，张义军，张大林，等，2023. 雷电天气系统原理和预报[M]. 北京：科学出版社.

世界气象组织，2024. 云[EB/OL]. [2024-08-25]. https://cloudatlas.wmo.int/zh-hans/clouds.html.

唐雅慧，周毓荃，蔡淼，等，2020. 基于CloudSat与CALIPSO联合观测研究全球云分布特征[J]. 大气科学学报，43(5)：917-931.

王燕平，2019. 古人是如何观云的[EB/OL]. (2019-11-04)[2024-12-10]. https://www.lifeweek.com.cn/h5/article/detail?artId=80979.

袁宇锋，翟盘茂，2022. 全球变暖与城市效应共同作用下的极端天气气候事件变化的最新认知[J]. 大气科学学报，45(2)：161-166.

张超，王燕平，王辰，2014. 云与大气现象[M]. 重庆：重庆大学出版社.

张诗卉，张弛，蔡闻佳，等，2024. 盘点气候风险机遇，展望健康繁荣未来[J]. 科学通报(27)：4005-4011.

中国科学院科普云平台，2024. 天气千变万化的原因[EB/OL]. [2024-12-25]. http://www.kepu.net.cn/gb/earth/weather/vary/index.html.

中国气象局，2024. 科技创新[EB/OL]. [2024-12-20]. https://www.cma.gov.cn/2011xwzx/ 2011xqxkj/2011xkjdt/html.

主要参考文献

ABSHAEV A M, FLOSSMANN A, SIEMS S T, et al., 2022. Rain enhancement through cloud seeding[M]//QADIR M, SMAKHTIN V, KOO-OSHIMA S, et al. Unconventional water resources. Cham, Switzerland: Springer: 21-49.

ANDREAE M O, ROSENFELD D, 2008. Aerosol–cloud–precipitation interactions. Part 1. The nature and sources of cloud-active aerosols[J]. Earth-Science Reviews, 89(1/2): 13-41.

BAKER M B, 1997. Cloud microphysics and climate[J]. Science, 276(5315): 1072-1078.

CEPPI P, BRIENT F, ZELINKA M D, et al., 2017. Cloud feedback mechanisms and their representation in global climate models[J/OL]. WIREs: Climate Change, 8(4): e465[2024-10-20]. https://doi.org/10.1002/wcc.465.

DEL GENIO A D, 2018. Climate lecture 5: the role of clouds in climate[M]//ROSENZWEIG C, RIND D, LACIS A A, et al. Our warming planet: topics in climate dynamics. Singapore: World Scientific: 103-130.

DEMOTT P J, PRENNI A J, LIU X, et al., 2010. Predicting global atmospheric ice nuclei distributions and their impacts on climate[J]. Proceedings of the National Academy of Sciences, 107(25): 11217-11222.

DHAKAL R, MOURNING C, 2024. Synthetic cloud height prediction using stereo matching and deep learning[C]//IGARSS 2024—2024 IEEE International Geoscience and Remote Sensing Symposium, July 7-12, 2024, Athens, Greece. New York, NY: IEEE: 8278-8283.

DUSEK U, FRANK G P, HILDEBRANDT L, et al., 2006. Size matters more than chemistry for cloud-nucleating ability of aerosol particles[J]. Science, 312(5778): 1375-1378.

GETTELMAN A, KAY J E, SHELL K M, 2012. The evolution of climate sensitivity and climate feedbacks in the Community Atmosphere Model[J]. Journal of Climate, 25(5): 1453-1469.

HE C F, LIU Z Y, HU A X, 2019. The transient response of atmospheric and oceanic heat transports to anthropogenic warming[J]. Nature Climate Change, 9: 222-226.

IPCC, 2023. AR6 synthesis report: climate change 2023[R]. Geneva, Switzerland: Intergovernmental Panel on Climate Change.

KEITH D, 2013. A case for climate engineering[M]. Cambridge, MA, USA: The MIT Press.

KLEIN S A, HALL A, NORRIS J R, et al., 2017. Low-cloud feedbacks from cloud-controlling factors: a review[J]. Surveys in Geophysics, 38(6): 1307-1329.

LIU Y G, YAU M K, SHIMA S. et al., 2023. Parameterization and explicit modeling of cloud microphysics:approaches, challenges, and future directions[J]. Advances in Atmospheric Sciences, 40(5): 747-790.

LATHAM J, KEITH B, CHOULARTON T, et al., 2012. Marine cloud brightening[J]. Philosophical Transactions of the Royal Society A: Mathematical, Physical and Engineering Sciences, 370(1974): 4217-4262.

LOLLI S, 2023. Machine learning techniques for vertical lidar-based detection, characterization, and classification of aerosols and clouds: a comprehensive survey[J/OL]. Remote Sensing, 15(17): 4318[2024-02-20]. https://doi.org/10.3390/rs15174318.

LUO H, QUAAS J, HAN Y, 2024. Diurnally asymmetric cloud cover trends amplify greenhouse warming[J/OL]. Science Advances, 10(25): eado5179[2024-12-20]. https://www.science.org/doi/full/10.1126/sciadv.ado5179. DOI:10.1126/sciadv.ado5179.

LUTGENS F K, TARBUCK E J, TASA D G, 2011. The atmosphere: an introduction to meteorology[M]. 12th ed. Boston, MA: Pearson.

MARVEL K, SCHMIDT G A, MILLER R L, et al., 2015. Implications for climate sensitivity from the response to individual forcings[J].Nature Climate Change, 6: 386-389.

主要参考文献

MENDOZA V, PAZOS M, GARDU OR, et al., 2021. Thermodynamics of climate change between cloud cover, atmospheric temperature and humidity[J/OL]. Scientific Reports, 11(1): 21244[2024-08-20]. https://doi.org/10.1038/s41598-021-00555-5.

NABAT P, KANJI Z A, MALLET M, et al., 2022. Aerosol-cloud interactions and impact on regional climate[M]// DULAC F, SAUVAGE S, HAMONOU E. Atmospheric chemistry in the Mediterranean region. Cham: Springer: 403-425.

NAEGELE A C, RANDALL D A, 2019. Geographical and seasonal variability of cloud-radiative feedbacks on precipitation[J]. Journal of Geophysical Research: Atmospheres, 124(2): 684-699.

PRUPPACHER H R, KLETT J D, 2010. Microphysics of clouds and precipitation[M]. 2nd ed. Dordrecht: Springer.

QUANTE M, 2004. The role of clouds in the climate system[J]. Journal de Physique IV, 121:61-86.

ROMANO F, CIMINI D, DI PAOLA F, et al., 2024. The evolution of meteorological satellite cloud-detection methodologies for atmospheric parameter retrievals[J/OL]. Remote Sensing, 16(14): 2578 [2025-01-16]. https://doi.org/10.3390/rs16142578.

ROSENFELD D, SHERWOOD S, WOOD R, et al., 2014. Climate effects of aerosol-cloud interactions[J]. Science, 343(6169): 379-380.

SHAW R A, 2003. Particle-turbulence interactions in atmospheric clouds[J]. Annual Review of Fluid Mechanics, 35: 183-227.

SHAW R A, CHEN S S, FREER M, et al., 2025. Scientific directions for cloud chamber research: instrumentation, modeling, new chambers, and emerging chamber concepts[J]. Bulletin of the American Meteorological Society, 106(4): E770-E781.

SIMPKINS G, 2018. Aerosol-cloud interactions[J]. Nature Climate Change, 8: 457.

TESCHE M, NOEL V, 2022. Locations for the best lidar view of mid-level and high clouds[J]. Atmospheric Measurement Techniques, 15(14): 4225-4240.

TONG S L, EBI K, OLSEN J, 2021. Infectious disease, the climate, and the future[J/OL]. Environmental Epidemiology, 5(2): e133[2024-02-12]. https://pmc.ncbi.nlm.nih.gov/articles/PMC8043725/. DOI:10.1097/EE9.0000000000000133.

TROSSMAN D S, PALTER J B, MERLIS T M, et al., 2016. Large-scale ocean circulation-cloud interactions reduce the pace of transient climate change[J]. Geophysical Research Letters, 43(8): 3935-3943.

TSELIOUDIS G, ROSSOW W B, JAKOB C, et al., 2021. Evaluation of clouds, radiation, and precipitation in CMIP6 models using global weather states derived from ISCCP-H cloud property data[J]. Journal of Climate, 34(17): 7311-7324.

TWOMEY S, 1977. The influence of pollution on the shortwave albedo of clouds[J]. Journal of the Atmospheric Sciences, 34(7): 1149-1152.

VOOSEN P, 2025. Earth's clouds are shrinking, boosting global warming[J]. Science, 2025, 387(6729): 17.

WOOD R, MECHOSO C R, BRETHERTON C S, et al., 2011. The VAMOS Ocean-Cloud-Atmosphere-Land Study Regional Experiment (VOCALS-REx): goals, platforms, and field operations[J]. Atmospheric Chemistry and Physics, 11(2): 627-654.

YOUSAF R, REHMAN H Z U, KHAN K, et al., 2023. Satellite imagery-based cloud classification using deep learning[J/OL]. Remote Sensing, 15(23): 5597[2024-08-20]. https://doi.org/10.3390/rs15235597.

ZARDI D, 2024. Atmosphere and ocean interactions[J]. Rendiconti Lincei-Scienze Fisiche e Naturali, 35: 311-325.

ZHANG Z X, CHRISTENSEN H M, MUETZELFELDT M R, et al., 2025. Advancing organized convection representation in the unified model: implementing and enhancing multiscale coherent structure parameterization[J/OL]. Journal of Advances in Modeling Earth Systems, 17(3): e2024MS004370 (2025-03-22) [2025-04-12]. https://doi.org/10.1029/2024MS004370.